À Mr le profesr Pasteur, une de nos gloires nationales, hommage de ma vénération et mon admiration. V. Burq

DES ORIGINES

DE LA

MÉTALLOTHÉRAPIE

(Extrait des *Comptes Rendus de la Société de Biologie*)

DES ORIGINES
DE LA
MÉTALLOTHÉRAPIE

Part qui doit être faite au magnétisme animal
dans sa découverte

LE BURQUISME ET LE PERKINISME

PAR LE
DOCTEUR V. BURQ
Chevalier de la Légion d'honneur
Lauréat de l'Académie de Médecine, de la Société de Biologie
et de la Faculté de Médecine

PARIS
A. DELAHAYE ET LECROSNIER, ÉDITEURS
PLACE DE L'ÉCOLE DE MÉDECINE
1882

DES ORIGINES

DE LA

MÉTALLOTHÉRAPIE

Part qui doit être faite au magnétisme animal dans sa découverte

> « Mais il reste une chose constante que ne peuvent désavouer les philosophes les plus incrédules, c'est qu'il y a nécessairement quelque chose qui fait persévérer le magnétisme animal, malgré la lutte terrible des savants, malgré les sarcasmes du ridicule, si puissant parmi nous. »
>
> VIREY.
>
> Le *Magnétisme*, Gr. dict.

I

Dans une lecture récente sur les *Surprises* de la *métallothérapie*, nous avions l'honneur de dire à cette tribune : « Si la Société de Biologie veut bien nous le permettre, nous viendrons prochainement parler, à notre tour, dans cette enceinte sur la question qui y a fait son apparition sous le vocable exclusif d'*Hypnotisme*. Nous démontrerons par des révélations, qui, depuis plus de trente années, pèsent sur notre conscience, que ce n'est point sans raison que tous les amis de la vérité, d'où qu'elle vienne, ont applaudi ou applaudiront à l'initiative du vaillant confrère qui aura eu l'honneur, le premier, de porter cette question devant la Société et de lui fournir, par là même, une nouvelle occasion d'affirmer son indépendance scientifique. »

La promesse que nous faisions, à la date du 29 avril dernier, nous venons aujourd'hui la tenir. Ceux qui se sont demandé comment avait pu naître la métallothérapie, par quels faits elle s'était d'abord affirmée et qui, plus d'une fois, nous interrogèrent à ce sujet nous sauront gré, nous l'espérons, de nos révélations. Quant aux intéressés qui pourraient les trouver bien tardives et être tentés de nous reprocher d'avoir risqué d'emporter avec nous le secret de ce que « *nous devions à César...* », nous leur répondrons que toutes nos précautions avaient été bien prises pour qu'il en fût autrement.

Voici, en effet, le manuscrit d'un mémoire de concours présenté par nous, en l'année 1854, à l'Académie des sciences de Milan, qui le qualifia « *degno di moltâ considerazione* », où sont mentionnés les faits dont nous allons parler et d'autres qui suivront, et, en cherchant bien, on trouverait bon nombre de ces mêmes faits dans notre thèse inaugurale, dans notre premier traité sur la métallothérapie, qui parut en 1853, mais surtout dans la collection du journal mesmérique *The Zoist*, publié à Londres par J. Elliotson. Seulement, comme nous ne tardâmes point à avoir par devers nous les raisons les meilleures pour nous résigner à savoir attendre, nous eûmes le soin de ne jamais les remettre en mémoire.

Deux questions préalables, l'une technique et l'autre historique, feront l'objet de cette première communication.

GLOSSAIRE

Avant d'aborder notre sujet, il nous paraît nécessaire de bien préciser quelle est, *suivant nous*, la valeur respective de ces deux mots *Magnétisme et Hypnotisme* qui, pour beaucoup, sont synonymes.

Les phénomènes magnétiques et hypnotiques ont, en apparence, la plus grande analogie. Tous ont un terrain commun nécessaire, la névrose, soit native, soit accidentelle, caractérisée par des troubles en moins de la calorification, de la circulation, de la sensibilité et de la motilité ; plus l'athermie, l'anesthésie et l'amyosthénie sont généralisées, plus elles sont profondes, et plus promptement se manifestent ces phénomènes sous l'influence des divers moyens propres à les produire. Tous ont pour caractéristique des sensibilités métalliques spéciales, que nous ferons connaître, d'après lesquelles on peut préjuger des uns ou des autres ainsi que des moyens de s'en rendre maître. Tous aussi relèvent, plus ou moins, des conditions mentales du sujet et, surtout, de celui qui conduit l'expérience. Mais il existe entre eux des différences capitales parmi lesquelles nous nous bornerons à signaler les suivantes.

1o Dans le magnétisme le sujet est entièrement passif, il reçoit du magnétisant *force* ou *fluide neurique*, ou autre, peu importe le nom; dans l'hypnotisme, au contraire, le sujet est essentiellement actif, c'est lui-même qui fait tous les frais de son nouvel état, il s'*auto-magnétise.*

2o La réceptivité ou sensibilité magnétique est beaucoup moins répandue que la sensibilité hypnotique. La première a pour corollaire obligé la deuxième, mais la réciproque n'existe point toujours, ce qui revient à dire que, tandis que tous les sujets magnétiques sont aussi hypnotiques, ces derniers peuvent, eux, se montrer insensibles à l'influence magnétique d'autrui.

3o Dans le sommeil hypnotique le sujet peut encore plus ou moins s'appartenir, bien que l'influence de la suggestion y soit des plus marquées, mais dans le somnambulisme magnétique, surtout lorsqu'il est poussé jusqu'à la production du phénomène qui a reçu le nom de lucidité, le sujet a perdu sa personnalité, une autre volonté s'est substituée à la sienne, ce n'est plus qu'un reflet et c'est alors que s'observe la dualité psychique et la transmission de la pensée.

4o Le magnétisme animal, tel que nous l'avons vu appliquer à l'Infirmerie mesmérique de Londres sous la direction de J. Elliotson, et employé souvent nous-même sous les yeux de Rostan, Robert, Maisonneuve, Horteloup (père), Trousseau, G. Monod, etc., contre des névroses invétérées, est un agent thermogène, esthésiogène et dynamogène de premier ordre, dont on peut suivre les effets curatifs avec le thermomètre, l'esthésiomètre et le dynamomètre, et qui ne saurait être nuisible que lorsqu'il est appliqué intempestivement.

5' L'hypnotisme est un agent tout autre. Il ne mérite point assurément, sous le rapport de sa nocivité, tous les reproches qui lui sont venus d'Allemagne et qui ont trouvé de l'écho jusque devant l'Académie des sciences, mais par l'expérience que nous en avons acquise, expérience très limitée, il est vrai, à raison de ce que le véritable avènement de l'hypnotisme est de date postérieure à celle où nous fîmes les recherches sur lesquelles est basé ce travail, nous nous croyons autorisé à dire que les pratiques hypnotiques tendent généralement à perpétuer, sinon à aggraver, les états pathologiques dans lesquels les phénomènes qu'elles déterminent sont seulement possibles, et que la science peut seule en retirer des services.

Donc la différence entre le magnétisme et l'hypnotisme est trop grande, en somme, pour qu'il soit possible de continuer à leur appliquer indistinctement la même dénomination. Le mot d'hypnotisme eut un moment, il est vrai, ses avantages. Mais, en outre que ce vocable ne peut plus aujourd'hui tromper personne, outre que les rangs de ceux qui se compromirent davantage à crier haro ! sur le magnétisme animal vont s'éclaircissant de plus en plus et que, de nos jours, personne n'oserait plus traiter de mystifiés ou de mystificateurs les Jussieu, Deslon, Deleuze, Husson, Rostan, Georget, etc, etc., notre amour pour la vérité aussi bien que notre indépendance nous faisaient un devoir d'arborer franchement notre drapeau. Voilà pourquoi, dût l'étiquette du sac nuire à son contenu, nous avons inscrit sans ambages ni réticences le mot de magnétisme animal en tête de cette première communication, pourquoi nous continuerons à l'écrire dans celles qui suivront, et pourquoi nous ne parlerons point d'autre langage que celui qu'ont consacré, à la suite de Mesmer et des frères de Puységur, les maîtres vénérés que nous venons de nommer et tant d'autres qui, pour être moins connus, n'en sont pas moins dignes du respect de tous.

HISTORIQUE

Nombre de ceux qui ont étudié de près les phénomènes magnétiques n'ont point pu ne pas observer ce fait, tant il est commun, à savoir : Que dans l'état somnambulique les sujets magnétisés appréhendent beaucoup le contact de certains métaux, et prennent plaisir au contraire à en manier certains autres.

M. le professeur Charcot, dans une leçon magistrale sur la métalloscopie et sur la métallothérapie publiée, *in-extenso,* par la *Gazette des Hôpitaux*, les 7, 12 et 14 mars 1878, à laquelle nous ferons plus d'un emprunt au cours de ce travail, a cité, d'après un auteur allemand, Witchmann, le cas d'une hystérique chez laquelle les convulsions et les contractures étaient calmées instantanément par l'application d'objets en fer.

Mais, Witchmann ayant fait remarquer que son observation datait de 1769 « époque à laquelle, dit-il, il n'était point encore parlé du mesmérisme », il ne saurait être question, dans l'espèce, de l'action du fer sur l'état mesmérique.

Mesmer qui, on le sait, débuta par les aimants qu'il tenait du P. Hell, a-t-il eu connaissance de l'influence des métaux sur les sujets magnétisés ? On pourrait le croire d'après le fréquent usage qu'il faisait des tiges métalliques, soit pour composer ses baquets, soit pour toucher les malades durant la crise magnétique.

Ces tiges étaient ordinairement en fer, mais il y en avait qui étaient faites d'un autre métal, cela ressort des passages suivants que nous empruntons à l'article de Virey sur le magnétisme dans le tome 29 du Grand Dictionnaire.

« L'on touche aussi avec avantage au moyen d'un conducteur, qui est une baguette de dix à quinze pouces, soit de verre soit *d'acier, d'argent, d'or*, etc...

« Quelques personnes ont employé des tracteurs ou tiges,

soit de verre, soit de métal comme l'acier, *mais non de cuivre*, dont l'odeur déplaît...

« Une autre somnambule avait de l'antipathie pour les métaux. »

Seulement ni Mesmer ni ses disciples ne se sont expliqués nulle part, que nous sachions, d'une manière catégorique à ce sujet, et il ne pouvait guère en être autrement par cette double raison que, pour Mesmer, le *fluide magnétique* devait suffire à tout, et que le somnambulisme magnétique, où s'observent surtout les répulsions et les attractions métalliques, ne fut découvert que plus tard par de Puységur.

Dans une communication faite, l'an dernier, à la Société de Biologie touchant les antériorités de la métallothérapie, l'un de ses honorables membres, le docteur Ch. Richet, en a cité une empruntée aux *Archives de physiologie* du docteur John-Christ Reil, de Halle. Elle figure dans le t. VI, année 1805, sous la rubrique : *Observations sur le magnétisme animal et sur le somnambulisme* par F. Fischer.

L'obligeance de M. Richet nous a permis de remonter à la source de ses citations, et voici tout ce que y avons trouvé.

Il s'agit d'un malade traité par le magnétisme pour des attaques, dites d'épilepsie mais qui, comme on va pouvoir en juger, eussent été qualifiées autrement si Fischer avait été plus qu'un simple magnétiseur, ou si, à son époque, on eût su davantage que l'hystérie peut aussi exister chez l'homme.

« Le malade que j'avais à traiter, dit Fischer, était un jeune homme de 20 ans, de faible constitution, qui, dans l'année 1802, contracta après un vif chagrin des attaques d'épilepsie, sans perte de connaissance, qui alternaient avec des battements et des crampes au cœur.

« Ces attaques étaient pressenties par la répulsion très violente qu'éprouvait le malade pour tout métal. Dans son état ordinaire, il était très sensible à toute influence métallique, de manière qu'il ne pouvait passer sur une grande masse de métal, surtout du cuivre, sans en ressentir dans tout le corps un sentiment désagréable indescriptible. Cette répulsion à l'égard des métaux il la manifestait aussi dans ses attaques. Le soufre exerçait, au contraire, sur lui une grande attraction, fait qui a été souvent constaté. Outre ses attaques, il avait souvent la nuit des accès de somnambulisme. Ce malade avait été magnétisé déjà par un de ses amis, qui l'avait débarrassé pour plus d'un mois de ses attaques par ce traitement.

« Au mois de mai 1803, je fus prié de le magnétiser de nouveau, et ce qui suit est le résultat des observations principales que j'ai eu occasion de faire dans le courant d'une demi-année.

« J'arrivai à obtenir le sommeil en 3 secondes. — Crainte des métaux dans le sommeil.... Aussitôt qu'on portait de ces derniers dans son voisinage, et surtout qu'on le touchait avec, il devenait inquiet et avait des convulsions. Les sons métalliques, les battements des cloches qui arrivaient jusqu'à lui l'impressionnaient désagréablement, quoiqu'il ne pût les entendre.

« Parmi les influences métalliques, j'ai noté les suivantes : Tous les métaux avaient, pour la plupart, une influence répulsive, même à une distance de quelques pouces. L'or, le cuivre et le zinc étaient ceux qui l'affectaient le plus. Il distinguait chaque métal à part par une sensation spéciale.

« L'argent opérait d'une manière insupportable, comme s'il l'avait coupé ou piqué. Il tolérait plus facilement le fer ; l'acier lui pesait encore moins. Ce métal, manipulé par moi, lui paraissait chaud, rouge. Tous les oxydes de métaux l'oppressaient. Le plus insupportable pour lui était l'oxyde de magnésium. Les acides cristallisés excitaient chez lui le même sentiment désagréable. Les sels métalliques lui étaient indifférents au toucher.

« L'écorce de quinquina, il ne pouvait pas la tenir longtemps dans la main à cause de la douleur piquante qu'elle y déterminait. L'opium, il le confondait toujours avec l'argent. Le contact du verre lui causait des coups électriques. Il aimait à toucher la résine. Il saisissait avidemment le soufre, il le sentait déjà à distance et se montrait heureux de le posséder. »

« Les *influences métalliques ont été probablement remarquées par d'autres*, dit Fischer, au cours de son observation. »

Un ancien médecin des eaux d'Aix, en Savoie, le baron Despine, s'est avancé un peu plus avant dans le sujet auquel avait touché Fischer. Les faits qu'il avait observés ont été consignés dans un livre publié en 1838, à Annecy sous le titre : « *Observations de médecine pratique à Aix-les-Bains.* »

D'honorables confrères, MM. F. Despine, neveu, et Monard, les ont rappelés, le premier dans une lettre publiée par la *Gazette médicale* du 30 juin 1877, sous la rubrique : *De l'action des métaux sur les hystériques mises en état de somnambulisme*; et le deuxième dans un long mémoire — *La Métallothérapie en* 1820 — qui a paru quelque temps après dans le *Lyon Médical.* Ici nous étions sommé en bonne et due forme par M. Monard d'avoir à reconnaître :

« *Que, dès* 1820, *A. Despine avait posé les premières bases de la Métallothérapie; que la découverte de l'idée mère lui appartient; qu'il n'en avait ignoré rien d'essentiel; qu'il n'est pas jusqu'au phénomène du transfert qu'il n'ait reconnu, et qu'enfin le Burquisme n'est que sa doctrine régénérée et perfectionnée.* »

Nous avons répondu à ces revendications, aussi étranges qu'inattendues, de façon, nous l'espérions, à en faire bonne justice. Mais, comme les assertions de M. Monard surtout paraissent cependant avoir gardé quelque crédit, et que ses dires ne tendent rien moins qu'à accuser la Société de Biologie de ne point avoir fait à Despine la part qui lui revenait, il ne sera point inutile d'y revenir à cette place.

A partir de 1820, A. Despine se met à étudier le magnétisme animal. Il magnétise des hystériques, il les endort et bientôt il remarque que ces malades, une fois en crise, ont « une *appétence singulière pour l'or le plus pur* », appétence qu'elles manifestent par des applications de ce métal, qu'elles se plaisent à se faire spontanément, sous la forme de pièces de monnaie, d'une montre ou de bijoux divers, et des répulsions non moins grandes pour tous les autres métaux toutes les fois qu'il leur arrive d'en toucher par inadvertance. Il suffit cependant que l'or se trouve en contact avec du fer pour qu'il produise lui-même de semblables effets répulsifs.

Despine interroge ses sujets sur ces attractions et répulsions et elles lui en donnent pour motif : « que les applications d'or les soulagent, leur font du bien, tandis que les autres, celles du cuivre en particulier, les *enraidissent*, leur font mal. »

Après cela Despine se met à appliquer à son tour différents métaux *dans l'état somnambulique*, et dans cet état exclusivement, et il arrive, en somme, à constater, nous citons presque textuellement : que l'application de l'or, et de l'or seulement, calme toujours des douleurs violentes au synciput et fait cesser le trismus des mâchoires ou des raideurs produites par les passes magnétiques, et qu'il soulage en raison directe de sa pureté, de sa masse et de son étendue ; « qu'une pièce d'or appliquée chez une paraplégique sur les gros troncs nerveux d'un des membres paralysés augmente la force locomotrice de ce membre..., qu'une montre en or pendue au cou donne plus de force et de vitalité dans leurs mouvements à Micheline, Annette et Estelle, mais à la condition d'être suspendue par une chaîne d'or ou par un ruban de fil, et non de soie qui brûle, et de ne point s'arrêter, car alors les mouvements des membres s'arrêtent aussi, et parfois les malades tombent en faiblesse ; » — « que le cuivre et les autres métaux, au contraire, enraidissent, fatiguent, brûlent comme du feu, particulièrement lorsqu'ils sont deux à deux, ce qui fait que quels que soient leur forme et leur brillant ou valeur apparente (comme celle du chrysocale), les malades les rejettent tout aussitôt qu'elles en ont été touchées. »

Tous ces faits, A. Despine les rattache à l'électro-galvanisme, et il reste bien convaincu : « que la puissance d'action des métaux est en concordance parfaite — non point avec l'idiosyncrasie du sujet, il l'ignore — mais avec la série établie par les physiciens Avogardo et Michelotti par rapport à leur capacité ou puissance galvanique, série dans laquelle l'or et, tout près de lui, le platine occupent l'extrême négatif, le zinc l'extrême positif, » et le fer est placé seulement vers le milieu et à la suite du cuivre.

Voulant expliquer pourquoi une montre d'or qui cesse de battre fait tomber les malades en faiblesse, Despine dit : « Une montre est un système de mouvement composé de divers métaux. Ce système marche-t-il ? Aussitôt il en résulte, par suite des *frottements* (quel gros mot en horlogerie !) qui ont lieu, une puissance galvanique bien plus marquée que quand la montre est en repos et, par suite, des effets sensibles sur des malades en crise, dont l'impressionnabilité est cent fois plus grande que dans l'état ordinaire. »

Quant au phénomène qui tient ici la première place, l'action du métal sur la sensibilité cutanée, Despine n'en dit rien. Des lois ? Il en promet, mais il n'en trace aucune. De métallothérapie interne, de la loi si féconde en applications thérapeutiques sur laquelle est basée la métalloscopie, qui permet de conclure de l'action externe d'un métal à son action interne et réciproquement ? Bien entendu, pas un mot; et, ce qui est étrange, pas une fois il ne vient même à la pensée de Despine d'essayer l'or en dehors de l'état magnétique, ne fût-ce qu'à titre de simple curiosité !...

En somme, des explications souvent enfantines ; une prétendue loi de concordance entre l'action des métaux et leur puissance galvanique, loi erronée, s'il en fut, car d'après elle le platine, dont la place est au bas de l'échelle métalloscopique, en occuperait le sommet tout à côté de l'or, qui, lui-même, ne vient que bien après le cuivre, et surtout le fer, lequel, d'après la loi, ne serait que vers le milieu, tandis qu'il tient la tête ; ...d'autre part, une *métallothérapie monocorde*, toujours de l'or, toujours de l'or, si tant est qu'on puisse donner ce nom à l'application de ce métal exclusivement dans l'état magnétique, qui ne fut point marquée par une seule guérison et qui, même, n'en visa jamais aucune, métallothérapie fausse, d'ailleurs, en ce sens, nous l'avons démontré dans le *Lyon Médical*, que c'était le cuivre allié à l'or, et non l'or lui-même, qui agissait dans ses applications ; voilà tout ce que Despine a ajouté aux observations de Fischer et d'autres précurseurs, voilà l'antériorité que MM. Despine (neveu) et Monard ont prétendu nous opposer, voilà ce que nous fûmes sommé d'avoir à reconnaître comme l'idée mère qui, *très vraisemblablement*, cela se lit entre les lignes, *nous avait guidé dans nos recherches* !

Peut-être avons-nous insisté un peu plus que de raison,

mais d'honorables confrères s'y étant laissé prendre jusqu'à écrire « *que Despine avait entrevu la métallothérapie* », nous ne pouvions faire moins.

Maintenant que nous avons préparé le terrain et fait la part du passé ; maintenant que nous croyons nous être mis suffisamment à l'abri du reproche soit de pécher par trop de précipitation, puisque nos observations remontent au delà de trente années, soit de combattre *pro aris* et *focis*, puisque, à partir de l'année 1856, époque à laquelle, ayant appris tout ce que nous désirions savoir, nous ne touchâmes plus personnellement à un sujet magnétique ; maintenant enfin que, grâce à l'initiative prise par la Société de Biologie, les faits qui relèvent de la métallothérapie sont suffisamment acquis pour que nous n'ayons plus à redouter de les voir rejetés à cause de leur origine et parenté, nous pouvons dévoiler sans en rien cacher le secret de la naissance du Burquisme. Puisse cette révélation être une leçon salutaire contre les préjugés et préventions et montrer, une fois de plus, que dans le domaine des sciences, dites *occultes*, il peut fort bien exister des choses qui valent un peu mieux que les sarcasmes ou les dédains de ceux dont les yeux ne surent point en percer les ténèbres !

Seulement, comme notre sujet embrasse une période d'études qui ne compte pas moins de dix années, nous serons obligé de beaucoup l'écourter et de le scinder en un certain nombre de communications dont nous arrêtons ici la première.

II

De l'action externe des métaux dans l'état mesmérique

PREMIÈRES OBSERVATIONS SUR LEURS PROPRIÉTÉS ESTHÉSIOGÈNES DYNAMOGÈNES ET ANTISPASMODIQUES

Découverte des propriétés antimagnétiques du cuivre

Le 5 avril dernier, il se passait à l'hôpital de la Pitié, devant un nombreux auditoire, le fait suivant.

G... est hypnotisée par M. Dumontpallier. Après une série d'expériences, la malade est mise en somnambulisme. M. Dumontpallier lui ordonne de quitter le laboratoire, où se tenait la séance, et de se rendre à son lit. G... obéit, marche droit devant elle, bien que ses paupières soient hermétiquement closes, arrive à une porte qui est fermée, en saisit le bouton et tout aussitôt elle pousse un grand cri. Ce bouton était en cuivre !...

La métallothérapie est partie d'un fait semblable. Ce fait tient trop de place dans son histoire pour qu'il n'y ait point intérêt à faire connaître d'abord les circonstances dans lesquelles il se produisit.

Vers la fin de l'année 1847, il entrait à l'hôpital Beaujon, dans le service de Robert, une certaine Clémentine X... Cette malade avait une affection qui n'était rien moins que du domaine de la chirurgie — X... était atteinte d'une phthisie très avancée, greffée sur de l'hystérie, — mais elle était douée de rares aptitudes magnétiques, nous avions eu occasion d'en acquérir personnellement la preuve, et Robert en avait été instruit par un de ses élèves, notre collègue dans cet hôpital.

L'éminent chirurgien avait toujours en mémoire l'opération fameuse — ablation du sein — pratiquée par le professeur J. Cloquet dans l'anesthésie magnétique ; il avait lu vraisemblablement les ouvrages de Deleuze, Husson, Rostan, etc., et n'avait point pu ne pas faire les mêmes réflexions que celles qui avaient inspiré à Virey, *un incrédule* cependant, ces paroles, si dignes d'être méditées :

« Il reste une chose constante et que ne peuvent désavouer les philosophes les plus incrédules, c'est qu'il y a nécessairement quelque cause qui fait persévérer le magnétisme animal, ou des pratiques analogues à celui-ci, malgré la lutte terrible des savants, malgré les sarcasmes du ridicule, si puissant parmi nous. C'est qu'on voit d'habiles médecins, en Allemagne et ailleurs, se déclarer pour lui ; c'est que, si le charlatanisme et la cupidité privée s'en emparent le plus souvent, il a été capable d'enthousiasmer des personnes généreuses et bien au-dessus de tout calcul vil, qui lui sacrifient leur temps, leur fortune même, pour le seul amour de faire du bien... Enfin, on cite des faits incontestables de guérisons réelles... » — MAGNÉTISME ANIMAL. — *Gr. dict., t. XXIX.*

Aussi Robert désirait-il tant de savoir par lui-même ce qu'il y avait de vrai au fond de cette question du magnétisme animal, alors surtout tant conspué par un grand nombre de savants, qu'il osa faire rechercher et réintégrer à l'hôpital, dans ses propres salles, X..., qui avait été expulsée la veille d'un autre service pour s'y être targuée de ses facultés somnambuliques, et qu'il voulut bien donner à l'élève un témoignage particulièrement précieux de sa confiance en l'invitant à l'aider à faire son éducation sur les choses du mesmérisme.

Quant à nous, nous aurons donné aussi la mesure du désir que nous avions de compléter ici la nôtre, si nous ajoutons, qu'afin d'avoir plus de temps et d'occasions pour étudier la malade, nous prîmes prétexte d'un accident qui nous était survenu à un genou pour nous faire donner un lit par Robert dans son pavillon des hommes, et que nous nous condamnâmes à l'occuper tout le temps que X... demeura elle-même à l'hôpital.

Pendant ce temps, des expériences de différente nature furent faites, en grand nombre, sur X...

Il y en eut de particulièrement remarquables, une surtout de magnétisation à la distance de près de cent mètres, dont Robert avait seul conçu et tracé le programme, qui ne peut point ne pas avoir laissé d'ineffaçables souvenirs parmi les survivants qui en furent témoins. Il serait trop long d'en parler ici et, d'ailleurs, nous n'y trouverions rien qui se rapporte directement à notre sujet. Passons.

Au bout de deux mois environ, X..., sentant sa fin approcher, demanda sa sortie et fut se réfugier dans un garni de la rue des Beaux-Arts. Nous l'y suivîmes. Le sommeil magnétique étant devenu pour elle de première nécessité, nous l'en fîmes plus que jamais bénéficier et ce fut souvent pour nous, comme pour nombre de nos camarades admis à nos magnétisations, un spectacle des plus attachants de voir cette malheureuse, qui n'avait plus que le souffle, jouir dans l'état mesmérique d'un calme et d'une sérénité qu'elle ne connaissait plus, à l'état de veille, et présenter les phénomènes psychiques les plus inattendus... Mais, passons encore et courons au plus pressé.

Un jour que X..., en état de somnambulisme, avait à ouvrir la porte de sa chambre, nous la vîmes s'en approcher avec précaution, s'isoler la main droite avec un pan de son jupon, la porter avec crainte sur le bouton de la serrure, tourner ce bouton prestement, puis frotter sa main après elle comme si elle avait touché un corps chaud.

A quelques jours de là, même manœuvre nécessitée par le même besoin.

Or, ce bouton était aussi en cuivre ou plutôt en *laiton* (alliage de cuivre et de zinc).

Très frappé du fait, nous en demandons l'explication à X... qui nous répond : « Que le contact du cuivre lui fait mal, *que ce métal la brûle comme du feu*, et que c'est pour cela qu'elle se recouvre la main avant que d'y toucher. »

Nous sortons alors quelques sous de la poche de notre pantalon, par conséquent à la température moyenne du corps, et nous les lui mettons dans la main. Aussitôt X... pousse un cri, exactement comme G..., jette au loin les sous et se met à frotter plus vivement encore sa main après ses vêtements.

« Mais, disons-nous alors à X..., vous portez bien sur la poltrine une médaille que vous ne quittez point ! » — « Oh ! pour ce qui est de cette médaille, c'est bien différent, elle est en argent et j'aime le contact de ce métal ainsi que celui de l'or ; tous deux me font du bien quand je les touche. »

Et, ayant remis à X... une pièce de cinq francs en argent, puis une montre en or, elle prit plaisir en effet à les manipuler, l'une et l'autre, et ne voulait plus s'en dessaisir.

Notre première pensée fut d'attribuer ces effets à son imagination et de croire qu'ils cesseraient aussitôt que celle-ci ne serait plus en jeu. En conséquence, nous interrompons la conversation, nous endormons X... profondément et, lorsque depuis un moment elle est en état apparent de léthargie, nous mettons dans sa main la pièce d'argent et la montre de tout à l'heure. X.. les garde sans en être troublée.

Nous remplaçons ces objets par des sous et, alors, mêmes effets répulsifs que devant.

Nous répétons et nous varions l'expérience à des jours différents ; les résultats sont les mêmes. Nous nous assurons de plus que le cuivre n'a même pas besoin pour agir d'être en contact immédiat. Si l'objet, fait avec ce métal, présente un certain volume, tels qu'un bougeoir et une casserole, il suffit soit de le mettre dans le lit, à la distance de 20 à 30 centimètres du corps, soit de l'apposer au-dessus des couvertures pour que bientôt X... s'en montre comme oppressée, le repousse et devienne colère pour peu que nous mettions d'insistance à lui imposer le voisinage ou le contact médiat du cuivre.

L'imagination, *l'expectant attention* du sujet n'était donc pour rien dans la production des phénomènes. Quant à faire intervenir ici l'influence de la suggestion, il n'y avait point à y songer puisque les faits observés étaient tout aussi nouveaux pour nous que pour X...

Arrivé à ce point, voici les différentes expériences que nous fîmes ; la première est capitale.

La malade étant dans son lit, qu'elle ne pouvait déjà plus quitter, nous la magnétisons. Nous mettons un de ses bras à nu ; nous nous assurons bien que sa sensibilité est absolument abolie après quoi nous lui posons un gros sou vers le milieu de la région externe de l'avant-bras.

Au bout de 3 ou 4 secondes, X... secoue son bras, comme toujours, et rejette le sou. Aussitôt nous piquons ce membre et, à notre très grande surprise, nous constatons que la sensibilité est devenue des plus vives à la place même qu'occupait le sou et rayonne un peu au voisinage.

Nous réanesthésions le bras et nous y appliquons une clef. La sensibilité revient encore sous le fer même, mais elle n'est point aussi vive et s'étend moins loin. De plus, le contact du métal agace peu ou pas X.., et nous pouvons renouveler à plaisir l'application du fer sans produire chez elle les mêmes marques d'impatience.

Le bras ayant été réanesthésié, nous appliquons successivement un écu de 5 francs, un louis et la cuvette d'une montre en or : aucun effet, l'anesthésie persiste.

Nous expérimentons de même, les jours suivants, et nous voyons toujours la sensibilité reparaître par le cuivre et l'anesthésie résister au contraire à l'application de l'argent et de l'or.

Une autre fois, nous endormons X... et nous cataleptisons son bras droit. Lorsqu'il est devenu bien rigide, nous le frictionnons avec un tube de lorgnette en cuivre : en quelques secondes tous les muscles raidis s'assouplissent, l'anesthésie disparaît et le membre recouvre toute sa liberté.

Nous réanesthésions et nous recataleptisons le bras. Nous le frictionnons avec une cuillère d'argent, rien ; avec la cuvette d'une montre en or, pas davantage. Nous substituons à cette dernière une lame de couteau de table, la contracture se défait et l'anesthésie disparaît, mais plus lentement qu'avec le cuivre et la sensibilité s'étend moins loin.

A peu de temps de là, Clémentine X..., que nous retrouverons un moment à l'hôpital Cochin, quand plus tard, nous aurons à parler d'autres phénomènes, mourut sans nous laisser le temps de pousser plus loin sur elle nos recherches et, disons-le d'ores et déjà, sans se douter un seul instant, malgré sa lucidité qui était des plus rares, de l'importance des observations qui nécessairement l'avaient eue pour confidente.

Mais nous lui devions de savoir déjà que le magnétisme animal présentait un côté physique d'un grand intérêt pour la physiologie et que, par là, nous pourrions peut-être arriver à une démonstration scientifique de son existence. Cela suffit pour nous faire diriger nos études dans une voie toute autre que celle que nous avions suivie jusqu'alors, voie féconde qui, on le verra, devait singulièrement profiter à la pratique du magnétisme lui-même.

Après la mort de X..., et même déjà un peu de son vivant, les yeux toujours fixés sur l'anesthésie mesmérique, qui était devenue comme notre étoile polaire, nous fîmes sur d'autres sujets de nouvelles expériences qui confirmèrent sur tous les points les premières, en y ajoutant. Comme chez X..., ce furent les mêmes répulsions et les mêmes attractions métalliques, les mêmes phénomènes subjectifs et objectifs ; mais il y eut une variante pour le fer et pour l'or.

Ainsi, tandisque le cuivre, soit seul, soit allié au zinc ou à l'étain, dans la proportion voulue pour former le laiton (cuivre jaune) et le bronze, était toujours repoussé, ramenait invariablement la sensibilité et assouplissait les muscles contracturés, il nous advint de voir le fer, ou bien l'acier, être supporté d'emblée, et arriver à être parfaitement toléré par certains sujets — ce qui, du reste, concordait avec ce fait que les malades rangés autour des baquets de Mesmer pouvaient toucher impunément aux tringles de fer qui en sortaient — et l'or, au contraire, produire, comme le cuivre, des effets répulsifs très marqués. C'est ainsi, par exemple, que chez un gros homme, somnambule de profession, nous avions une fois déterminé un violent accès convulsif pour lui avoir mis une montre d'or dans la main pendant son sommeil. Aussi cet homme avait-il grand soin, avant que de se laisser endormir, de vider toutes ses poches et de se débarrasser de sa montre, de ses breloques et bijoux. Les pièces d'or lui produisaient moins d'effet pour les raisons que nous avons déjà dites et que l'on trouvera longuement développées dans notre brochure : LA MÉTALLOTHÉRAPIE DEVANT LE LYON MÉDICAL (*Libr.* A. DELAHAYE) à laquelle nous renvoyons. Disons seulement que le seul coupable était ici le cuivre, et non l'or, et que si la cuvette de montre était particulièrement redoutée c'est parce que dans l'alliage qui sert à faire les bijoux le cuivre n'entre pas pour moins de près d'un tiers, *en volume.*

Toute contraction cataleptique se dissipait également par le cuivre et, déjà même, il nous fut donné de voir l'application de ce métal être tout aussi efficace contre certains spasmes spontanés, contre un trismus des mâchoires, deux fois, survenu pendant la crise magnétique. Nul besoin d'ajouter qu'avec le spasme magnétique disparaissait également l'anesthésie.

Mais enfin, pourquoi ces répulsions et ces plaintes de la part des sujets dès qu'ils étaient mis en contact avec le cuivre, soit en nature,soit plus ou moins allié au zinc ou à l'or? Pourquoi paraissaient-ils et disaient-ils en souffrir ?

La clé nous en fut donnée par l'expérience qui suit.

Sur l'avant-bras d'un sujet magnétisé, absolument anesthésique, nous fixons à l'aide d'un mouchoir une plaque de laiton, de la grandeur d'une pièce de 5 francs environ. La sensibilité à la piqûre revient, comme toujours, sous le métal ; elle irradie bientôt dans tout le membre, mais plus rapidement en hauteur ; au bout de quelques secondes, elle est devenue parfaite jusqu'à l'épaule ; elle gagne le tronc, puis, cheminant de proche en proche, mais si vite qu'il nous est très difficile de la suivre, elle s'étend au bras, du côté opposé, et aux membres inférieurs. Pendant ce temps le sujet s'agite,gémit et soupire. Il est pris de légers soubresauts et tremblements ; le spasme incessant de ses deux orbiculaires — signe caractéristique du sommeil magnétique — diminue, puis cesse complètement; les globes oculaires, convulsés vers le haut de l'orbite, s'abaissent; les yeux s'ouvrent et, finalement, voilà le sujet revenu à son état ordinaire !...

L'expérience est renouvelée; nous varions les points d'application du cuivre; un deuxième sujet en fait les frais et, chaque fois, le réveil s'opère en s'accompagnant des mêmes phénomènes précurseurs.

L'anesthésie était donc une condition essentielle du sommeil magnétique et c'était parce que l'application du cuivre la faisait cesser, parce qu'il détruisait l'isolement absolu, l'équilibre *négatif*, si nous pouvons ainsi parler, nécessaire à l'état dans lequel ils se complaisent que les sujets magnétisés le repoussaient et semblaient en souffrir. Le cuivre était donc un agent antimagnétique par excellence; il réveillait donc sûrement, quelle que fût la profondeur du sommeil mesmérique !...

Après l'étude des effets du cuivre, du fer, de l'argent et de l'or sur l'anesthésie mesmérique, nous passons successivement à celle de l'action du verre, de la résine, du bois, des tissus, de l'aimant, de l'électricité, de l'eau froide et chaude, du vent, provenant soit de la main agitée automatiquement, soit d'un soufflet de cuisine, etc., etc., et, afin d'avoir un contrôle sur lequel nous puissions absolument compter, nous faisons intervenir le thermomètre et nous l'employons, concurremment avec l'aiguille, pour constater les effets produits.

Puis, partant de l'opinion formulée déjà en ces termes par Cuvier lui-même : « *Il y a grande apparence que c'est par un fluide impondérable que le nerf agit sur la fibre*, d'autant qu'il est démontré qu'il n'agit pas mécaniquement »; nous faisons de nombreuses expériences à l'effet de recueillir, de *condenser*, en quelque sorte, le fluide émis, soit par nous-même dans les passes magnétiques, soit par les hystériques pendant leurs attaques, sur des substances isolantes, telles que le coton en rame et la soie tissée, disposées de certaine façon, et nous nous servons ensuite de ces substances tantôt pour anesthésier isolément tel ou tel autre membre d'un sujet magnétisable, mais à *l'état de veille*, aussi bien avec son propre fluide qu'avec le nôtre ou celui émis par un autre sujet, tantôt pour obtenir le contraire de ce que nous verrons faire plus loin aux applications métalliques dans l'attaque d'hystérie, nous voulons dire pour empêcher ou, sinon, retarder la décharge hystérique.

Sur tout cela nous recueillîmes des faits dont nous faisions, dès 1849, l'objet de deux plis cachetés déposés à l'Académie des Sciences, l'un, le 13 avril, sous le n° 905, et l'autre, le 19 novembre, sous le n° 963. Nous voudrions bien ne pas tarder davantage à en faire connaître le contenu, mais c'est là un sujet trop important et trop délicat pour être traité incidemment, alors même que nous en aurions ici la place. Qu'on nous permette donc de différer encore de nous expliquer sur ce point et de nous borner, pour le moment, à faire l'indispensable.

Avant de passer outre, dressons l'inventaire des richesses que le magnétisme animal venait d'accumuler à notre portée et expliquons pourquoi nous n'en sûmes voir qu'une partie.

Puisque la sensibilité et la motilité revenaient toujours chez les sujets magnétisés par l'application du cuivre, n'en ressortait-il point que ce métal était un agent esthésiogène et dynamogène de premier ordre, appelé particulièrement à rendre des services dans l'hystérie, qui est le terrain de prédilection du magnétisme ?...

Ne pouvait-on aussi induire de l'action résolutive du cuivre sur les spasmes provoqués artificiellement, de la souplesse qu'il rendait aux muscles cataleptisés, la possibilité d'en obtenir d'aussi bons effets dans les attaques, voire même contre les contractures hystériques ?...

Et, en somme, l'action esthésiogène, dynamogène et antispasmodique du cuivre dans l'état mesmérique, ne contenait-elle point, en germe, les principes majeurs de la métallothérapie externe ?

Mais, pour pouvoir conclure de la sorte, il nous eût fallu connaître pertinemment ces deux choses, savoir :

1° Que les troubles, en moins, de la sensibilité et de la motilité sont de règle dans l'hystérie et ses congénères, et que l'anesthésie et l'amyosthénie mesmérique ne font que s'y surajouter, si bien que le retour de la sensibilité et de la motilité par une application du cuivre impliquait aussi nécessairement la cessation de l'anesthésie et de l'amyosthénie pathologiques ;

2° Que les troubles inverses de la sensibité et de la motilité — les spasmes comme les névralgies — dérivent fatalement des premiers et, par conséquent, devaient disparaître avec eux, quels qu'en fussent la forme, le siège et l'intensité.

Or, à ce moment, Gendrin, Beau et leurs élèves commençaient à peine à démontrer la fréquence de l'*Anesthésie* ou de son diminutif, *l'Analgésie*, dans l'hystérie, et, nous-même, nous n'avions point encore fixé notre attention sur la coexistence d'un autre symptôme non moins constant, l'*Amyosthénie,* et établi la nécessité d'une dynamométrie précise dans toutes les affections du système nerveux.

D'autre part, les idiosyncrasies métalliques n'émergeaient-elles point, elles-mêmes, de la façon toute différente dont se comportaient les métaux cuivre et fer, d'un côté, argent et or, de l'autre, et, aussi, des différentes sensibilités individuelles par rapport soit au fer ou à l'acier, soit à l'or plus ou moins allié au cuivre ? N'était-il point à présumer qu'on trouverait d'autres idiosyncrasies, ou sensibilités métalliques, quand on en viendrait à appliquer de même le zinc, l'étain, le platine, etc.. ? Et, puisque le métal qui avait fait cesser les spasmes magnétiques était celui-là même qui ramenait la sensibilité, puisque l'anesthésie jouait ici le rôle d'un véritable réactif, n'avions-nous point déjà dans l'application du métal sur un point anesthésique un moyen certain de reconnaître son appropriation individuelle et, partant, un criterium pour nous assurer d'avance de ses effets curatifs, c'est-à-dire les prémisses mêmes de la métalloscopie telle que nous l'avons conçue depuis ?...

De plus, de l'action si constante du cuivre sur les sujets magnétisés n'y avait-il point à tirer cette conclusion : que la sensibilité magnétique et la sensibilité cuivre étaient le corollaire réciproque l'une de l'autre; qu'étant donnée une hystérique, il suffisait, par conséquent, que le cuivre ramenât sa sensibilité pour être certain d'être en présence d'un sujet magnétisable ?

Toutes ces inductions eussent été des plus légitimes. Mais c'étaient là trop de choses à la fois, trop d'éblouissements pour nos yeux à peine dessillés !... Aussi, nous le confessons humblement, nous ne sûmes d'abord qu'entrevoir le plus petit nombre de tous ces enseignements, et ce n'étaient point les plus féconds. Quant à ces derniers ce n'est que plus tard, lorsque les faits, dont nous allons parler, nous eurent forcé la main, pour ainsi dire, qu'il nous fut enfin donné de ne plus les méconnaître.

III

Histoire des différentes phases et applications de la Métallothérapie

RÉSULTATS QU'ELLE A DONNÉS. — SES DOCTRINES ET PROCÉDÉS

L'histoire de la métallothérapie comprend deux phases : celle de son incubation, nous venons d'en faire connaître les péripéties principales dans le chapitre qui précède, et la phase de sa longue évolution. Celle-ci peut se diviser en trois grandes périodes.

La première période s'ouvre en l'année 1848, par l'entrée en scène des métaux à l'hôpital Cochin, et se continue sans interruption jusqu'en 1860. Durant toutes ces douze années, on vit la métallothérapie faire ses preuves successivement à Cochin, au Val-de-Grâce, à la Salpêtrière (une première fois de 1849 à 1850) à l'Hôtel-Dieu, à la maison Dubois, à l'hôpital Necker, etc., et se multiplier, pour ainsi dire, pour obéir à toute réquisition. C'est la période d'activité et de foi en la justice des hommes auxquels incombe la noble mission de mettre en lumière les conquêtes nouvelles de la science, activité sans relâche et que rien ne peut lasser, dont les étapes principales furent marquées par différentes publications qui viendront plus loin à leur place. La nature de ces publications témoigne qu'il y a aussi à distinguer dans cette première période deux époques bien tranchées :

L'époque du début — de 1848 à 1851, — où il n'est encore

question que de l'emploi externe des métaux, et qui se scinde elle-même en deux parties : 1· le temps où la métallothérapie fut exclusivement *monométallique*, c'est-à-dire se faisait toujours avec un seul et même métal, *le cuivre;* 2° celui où elle devint *polymétallique* et acquit, du même coup, la notion de la Métalloscopie.

L'époque postérieure qui fut marquée par la découverte de Métallothérapie interne et ses nombreuses applications.

La deuxième période commence vers l'année 1860. A ce moment la métallothérapie, devenue de plus en plus interne, sans pourtant renoncer à son passé, nous voulons dire cesser d'être externe, a vu déjà singulièrement s'élargir son horizon. Mais la fatigue a fini par s'emparer de l'auteur, le silence persistant des juges qu'il avait cent fois invoqués l'a profondément troublé, si bien que, désespérant d'obtenir justice, nous cessons toutes nos pérégrinations dans les hôpitaux, nous mettons notre plume au repos et nous cherchons une diversion à tous nos déboires dans d'autres travaux.

Au bout de huit années, en 1868, nous tentons de rouvrir la lutte à l'hôpital Lariboisière, vers lequel nous avions commencé à nous diriger pour y faire, en collaboration avec M. le Dr Ducom, pharmacien en chef de cet hôpital, des expériences sur la toxicité des sels de cuivre; mais bientôt la maladie nous ferme la bouche. C'est le silence d'abord, puis la nuit, nuit si profonde et d'une telle durée que beaucoup purent croire avec raison que c'en était fait de la métallothérapie et de son inventeur !...

Enfin, voici venir l'année 1876 et avec elle une troisième période inespérée, période de réparation. Contre toute attente, nous revenons à une santé relative. A peine en est-il ainsi, qu'obéissant à une pensée qui n'avait cessé d'être une espérance toujours vivace, jusqu'au milieu de nos plus mauvais jours, nous sortons de notre retraite pour tenter le sort d'une dernière campagne, et comme nous n'avons plus aucun temps à perdre, comme nos pas sont si mal assurés encore que plus d'une fois nos forces nous trahiront, c'est sur un terrain cette fois indiscutable, dans ce même service des hystériques incurables de la Salpêtrière où, plus d'un quart de siècle auparavant nous avions déjà obtenu les succès que nous dirons dans le cours de ce travail, que nous reportons nos dernières espérances.

C'est l'histoire de ces trois longues périodes, embrassant ensemble plus de trente années, celle des travaux et des différentes découvertes qui les ont marquées que nous allons tracer. Si nous n'avons point su la faire plus courte, si nous venons une *dernière fois*, c'est avec intention que nous soulignons ces deux mots, abuser longuement de la bienveillance de la Société de Biologie, les raisons ne manqueront point, nous l'espérons, pour nous le faire pardonner. Il ne s'agissait point seulement, en effet, de traiter d'un sujet extrêmement touffu, plein de faits d'un intérêt assez grand, nous devons le croire puisque le monde savant a fini par s'en émouvoir, pour mériter le sacrifice de la meilleure part de notre vie. Il nous incombait aussi de justifier les suffrages dont la Société de Biologie a bien voulu nous honorer, la *première*; nous avions à montrer que notre œuvre est essentiellement originale, qu'elle ne ressemble en rien, dans son ensemble, pas plus au Perkinisme qu'à autre chose et que ce n'est point sans raison, qu'au lendemain du jour où le mot de *Burquisme* venait d'être prononcé dans cette enceinte, M. le professeur Charcot consacrait lui-même ce vocable devant son nombreux auditoire de la Salpêtrière par ces paroles :

« Tous ces faits, comme l'idée théorique qui les relie entre eux, appartiennent à M. Burq, d'où le nom de Burquisme que l'on commence, et c'est justice, à employer comme synonyme de métallothérapie. » (*V. in Gaz des Hôp. de mars* 1878.)

A. Première période (de 1848 à 1860). Débuts de la métallothérapie. — Ses succès dans l'hystérie et contre les crampes des cholériques.

Nous voici en l'année 1848 à l'hôpital Cochin, sous M. Nonat.

Parmi les malades du service de chirurgie il se trouvait une hystérique type, déjà traitée sans succès dans divers services, dans celui de M. Gendrin, à la Pitié, notamment, pendant toute une année, pour laquelle M. Maisonneuve, qui venait de succéder à Michon dans cet hôpital, nous avait autorisé, en désespoir de cause, à essayer le magnétisme.

La tentative était hardie. Pauline Picardel, c'était le nom de la malade — nom qui certainement éveillera plus d'un souvenir parmi nos camarades de cette époque — était en effet cruellement affligée. Outre de formidables attaques, une aménorrhée absolue, une parésie générale qui l'obligeait à se tenir constamment couchée, elle avait une paralysie complète de la vessie avec polyurie nécessitant de la sonder toutes les cinq ou six heures. Cependant, disons-le dès à présent, nous atteignîmes le but. Le traitement fut long — il ne dura pas moins de sept mois, du 25 septembre 1848 au mois de mai suivant, — il nous demanda beaucoup de soins et de peine, il nous suscita maints embarras et difficultés, il présenta de nombreuses péripéties; mais, enfin, la guérison de Pauline et une ample moisson de faits nouveaux, consignés soigneusement dans des procès-verbaux qui forment presque la matière de tout un volume, nous dédommagèrent amplement. Ce fut là une satisfaction purement intime, ajoutons-le, car jamais d'autres yeux que les nôtres ne fouillèrent dans ces procès-verbaux et, à cette heure encore, l'observation de Picardel attend de voir le jour.

Dès les premiers jours du traitement, la malade se montra si avide de l'agent magnétique que, malgré tous nos soins à l'en débarrasser par les procédés usités, elle était prise à son réveil de spasmes thoraciques qui se traduisaient surtout par des étouffements et des vomissements violents.

Un soir que la violence des accidents était plus grande que de coutume et où l'heure déjà avancée de la nuit nous donnait le plus vif désir de rétablir un calme dont les voisines de la malade avaient comme elle le plus grand besoin, il nous vint à la pensée de les combattre par les mêmes moyens qui nous avaient déjà servi maintes fois à défaire les spasmes provoqués intentionnellement dans l'état magnétique. En conséquence, une plaque de laiton est appliquée sur l'épigastre. Moins de deux minutes après, étouffements, palpitations et vomissements avaient disparu et Pauline ne tarda point à s'endormir d'un sommeil calme qui ne fut plus troublé le reste de la nuit.

Au bout de deux ou trois jours, mêmes accidents et mêmes effets de la plaque de laiton. Après quelques moments du plus grand calme, nous la retirons à dessein : presque tout aussitôt les troubles thoraciques reparaissent avec leur intensité première. La plaque est réappliquée et suit à nouveau un apaisement qui vient témoigner encore en faveur des propriétés antispasmodiques du cuivre en application externe.

Cependant les accidents, auxquels nous venions d'avoir affaire, n'étant que provoqués par le magnétisme, artificiels, pour ainsi dire, il nous fallait mieux encore pour ne plus avoir aucun doute sur ces propriétés.

Tous les quatre jours, le soir à peu près à la même heure, Pauline avait une grande attaque, avec perte complète de connaissance, qui durait d'ordinaire plusieurs heures. Le 15 décembre, vers 5 heures, arrivent les prodromes habituels de la crise convulsive; mais ce n'est que trois heures après, à 8 h., que celle-ci a lieu. La malade étant couchée sur un lit élevé, sans dispositions spéciales pour la protéger contre une chute imminente, cinq personnes se jettent sur elle pour la maintenir et y parviennent à grand'peine, tant est grande la violence de l'attaque. Nous restons un moment spectateur silencieux de la crise, nous demandant déjà quel peut bien être le but d'une aussi prodigieuse dépense de force nerveuse et par quel *quid divinum* les muscles d'une frêle créature peuvent arriver à se contracter, sans se rompre, avec une si effroyable énergie; puis, saisissant une armature en cuivre que nous avions fait préparer tout exprès, qui se composait de deux bracelets, de 5 à 6 centimètres de largeur, pour chaque membre, de deux ceintures un peu plus larges pour le tronc et d'une couronne pour le front, nous l'appliquons sur la malade au plus fort de l'un de ses accès.

Au fur et à mesure que se fait cette application, les spasmes diminuent de force et de fréquence, le bassin ralentit ses projections violentes et, la dernière pièce de l'armature n'est point encore posée, que la malade a déjà cessé toutes ses vociférations, recouvré connaissance et prié les aides ébahis de lui rendre la liberté de ses membres. Un peu plus tard, elle est calme, sur le dos, presque immobile : cependant un peu de roideur des muscles, l'absence de toute sensibilité périphérique, de l'embarras dans les idées et la parole, quelques douleurs vagues et des tiraillements dans les membres, joints à une certaine agitation, attestent que tout n'est point encore fini. Pour nous en assurer, nous *désarmons* un bras et aussitôt les désordres musculaires y reparaissent; puis, les anneaux remis en place, ce membre reprend sa demi-souplesse. Nous faisons la même expérience sur une jambe et, là aussi, nous déterminons et nous faisons cesser à volonté les contractions musculaires. Nous nous mettons ensuite à enlever les différentes pièces de l'armature, et la dernière n'a pas encore été touchée que déjà l'attaque est revenue tout entière; au bout de deux ou trois minutes, elle était arrivée à son paroxysme. L'armature est réappliquée et l'accès disparaît de nouveau, comme si un pouvoir magique eût soufflé dessus. Toutefois, ce n'est qu'après dix ou quinze nouvelles minutes, qu'une détente générale et une souplesse parfaite des membres, précédées d'un fourmillement par tout le corps, viennent nous annoncer que nous pouvions enfin retirer impunément l'armature.

Quelques jours après, nous obtenions les mêmes effets, par une semblable application, sur une deuxième hystérique qui appartenait, elle, au service de M. Nonat.

Voilà quelles furent les premières applications que nous fîmes des propriétés antispasmodiques des armatures en cuivre, en dehors de l'état magnétique; voilà quel a été le premier jalon de la métallothérapie; voilà comment fut contractée notre première dette envers le magnétisme animal, il importait de commencer par l'établir.

Mais le cuivre pouvait-il convenir indistinctement dans tous les cas d'hystérie ou, en d'autres termes, la métallothérapie devait-elle rester confinée dans le *Monométallisme?*... D'autre part, l'action des armatures, que jusqu'en février 1850 nous n'osâmes jamais croire que palliative, pouvait-elle finir par devenir curative? Cette action devait-elle se trouver limitée à l'hystérie; n'y avait-il aussi rien à en espérer contre des troubles spasmodiques autres que ceux qui sont propres à cette affection, dans les crampes des cholériques, par exemple?

Nous n'en étions donc encore sur ce point qu'au chapitre des espérances, lorsque l'épidémie du choléra de 1849 vint nous permettre de répondre, par anticipation, à ceux qui ont pu croire que c'étaient nos observations sur l'immunité cholérique des ouvriers en cuivre qui nous avaient conduit à l'application de ce métal contre les crampes des cholériques.

Il pourrait être intéressant, pour ceux qui l'ignorent, de rappeler dans quelles circonstances et de quelle façon se firent nos premières applications métalliques sur les cholériques de l'hôpital Cochin, d'abord, et les succès qu'elles obtinrent ensuite successivement au Val-de-Grâce, à la Salpêtrière, à l'Hôtel-Dieu, etc. Mais les faits sont trop notoires, ils ont été trop bien établis par les témoignages de MM. Rostan, Michel Lévy, Nonat, Bouchut, A. Richard, etc. et sanctionnés par l'Aministration supérieure, sur un avis conforme du Comité consultatif d'hygiène, pour que nous ayons besoin de faire autre chose que citer les paroles par lesquelles le premier de ces maîtres, le professeur Rostan, a témoigné des services que rendirent nos armatures pendant l'épidémie de 1849.

« Ce sont surtout les phénomènes cérébraux (du choléra) qui ont appelé l'attention. C'est contre eux qu'on a déployé le plus grand nombre de moyens......

« Mais un moyen spécial que nous ne devons pas passer sous silence, c'est celui que M. *Burq* a emprunté à la physique, et qui consiste à entourer les membres et le tronc des cholériques de plaques de cuivre. Vous avez vu ce moyen employé dans nos salles, *presque toujours avec succès*, contre les crampes, les suffocations, les anxiétés précordiales, etc. » (V. in *Gaz. des hôpitaux* de nov. 1849, *Leçons Clin. sur le choléra*, du professeur Rostan).

Durant l'épidémie de 1849, nous eûmes trop à faire avec les cholériques pour qu'il nous fût donné de pouvoir poursuivre nos premières expériences. Cependant une hystérique de la ville, Mlle E.., se présente à nous avec des accès de somnambulisme naturel. On l'avait vue plusieurs fois se lever la nuit, ouvrir sa fenêtre et faire, fort peu vêtue, la tentative d'excursions périlleuses. Nous prescrivons l'application de 4 bracelets, un pour chaque membre, le soir à son coucher, et, à partir de ce moment, Mlle E..., ne se lève plus, ses accès de somnambulisme sont conjurés.

PREMIÈRES EXPÉRIENCES A LA SALPÊTRIÈRE EN 1849-50.

Le choléra disparu, nous nous fîmes autoriser par l'Assistance publique à transporter notre arsenal métallique à la Salpêtrière. Combattre les attaques, au moment même de leur production, de façon à y remplacer la camisole de force et les autres liens d'attache par nos armatures, et soulager *peut-être* les malades telle était seulement notre ambition. Quant à la possibilité d'une guérison, nous n'y songions même pas.

Nos premiers essais ne furent point heureux. Entouré d'épileptiques et n'ayant que l'embarras du choix, c'est d'abord sur des malades de cette catégorie que nous opérâmes. Mais nos armatures n'eurent sur elles aucun effet.

Forcé de renoncer à venir en aide à ces infortunées, nous reportâmes alors toutes nos espérances sur les hystériques. Malheureusement, l'imitation ou tout autre cause avait déjà porté ses fruits, de sorte que celles qui n'étaient point épileptiques à leur entrée l'étaient devenues toutes plus ou moins. Obligé pourtant, de faire un choix, nous prenons cinq malades chez lesquelles l'épilepsie ne paraissait jouer qu'un rôle secondaire. C'étaient les nommées Lhoste, Valois, Verdelet, Peffert et Sylvain. Toutes les cinq étaient déjà internées depuis nombre d'années, et il ne se passait guère de semaine qu'elles ne *tombassent en état de mal*, et qu'on ne fût obligé de les mettre en loge. C'est sur de pareilles malades que nos expériences furent faites.

Avant de dire les résultats fort inattendus qu'elles donnèrent, il importe que nous parlions, d'ores et déjà, de deux symptômes, l'un peu connu alors et l'autre ignoré encore, qui ne tardèrent point à nous frapper. Le premier consistait en ceci : que chez les cinq malades la sensibilité générale et spéciale avaient subi une atteinte profonde. Ainsi Lhoste et Sylvain, plus affligées encore, présentaient à peine un reste de sensibilité sur quelques points très limités, avaient perdu jusqu'à la conscience de la position de leurs membres et n'offraient plus trace ni du goût ni de l'odorat (l'ouïe et la vue ne furent point explorées au point de vue de leur acuité).

Le deuxième était relatif à l'état de la motilité. Il existait chez toutes, comme chez l'hystérique de Cochin, une grande faiblesse musculaire, de l'*amyosthénie*, comme nous le disions un peu plus tard, faiblesse telle chez Sylvain qu'elle confinait à la paralysie.

Voici maintenant très succintement ce qu'il advint.

Le traitement consista exclusivement en des applications de cuivre jaune (laiton), comme celles que nous avions déjà faites sur Picardel, sauf que les bracelets et les ceintures étaient plus larges et que les premiers étaient en forme de valves d'une coquille et montés sur un ressort pour en faciliter l'emploi. De plus, les applications furent faites d'une manière suivie, mais seulement au moment même des attaques ou des prodrômes qui les annonçaient.

Sur deux malades, Valois et Verdelet, les effets immédiats furent tout aussi prompts que chez Picardel et tout aussi probants, c'est-à-dire que chez elles les phénomènes spasmodiques revenaient ou disparaissaient également à volonté par l'enlèvement prématuré ou par la réapplication de l'armature.

Sur la troisième, Lhoste, il en fut de même le plus souvent, mais parfois les armatures se montrèrent moins actives, surtout dans l'état cataleptique, et, de plus, cette malade, ainsi que Valois et Verdelet, eurent encore, pendant leur application même, des accès épileptiformes.

La quatrième, Peffert, n'obtint, elle, qu'une légère atténuation dans la durée et la violence des attaques et sur la cinquième, Sylvain, les armatures échouèrent complètement.

Les bons effets des applications ne se démentirent jamais chez Valois, Verdelet et Lhoste, si bien que ces malades, voyant leurs crises avorter, négligèrent rarement d'y recourir à la moindre menace d'une nouvelle attaque, tandis que Peffert et Sylvain ne tardèrent point à y renoncer.

Pendant ce temps, une sixième hystérique, Séguerlay, que des vomissements incoërcibles et une paraplégie retenaient depuis plusieurs mois à l'infirmerie, mais dont nous avions refusé de nous occuper parce qu'elle nous avait paru encore plus épileptique que ses compagnes, s'empare de l'armature que nous avions remise à Sylvain, sa voisine, et, sans en rien dire à personne, se met à se l'appliquer la nuit.

Au bout de quelques jours Séguerlay vient à nous, s'accuse spontanément de son larcin, et nous dit « *qu'elle vomit moins et qu'elle se sent plus forte* ». Nous prenons ses paroles pour une hâblerie d'hystérique et nous passons.

Cependant, un mois s'était à peine écoulé que déjà les attaques des trois premières malades semblaient s'éloigner et durer un peu moins que d'habitude, et que Séguerlay ne vomissait plus, allait et venait et demandait à quitter l'infirmerie. Nous examinons alors ce que devenait sous le métal l'anesthésie, dont l'étendue et la profondeur commençaient à nous paraître proportionnées à la fréquence et à l'intensité des crises hystériques, et nous remarquons déjà que chez nos malades le cuivre ramenait la sensibilité, comme chez Clémentine et de la même façon, nous voulons dire avec les mêmes phénomènes objectifs et subjectifs, de sorte, qu'après une attaque, un fourmillement général annonçait invariablement, avec la fin de celle-ci, le retour de la sensibilité dans toutes les parties du corps où il se manifestait.

C'était là un fait considérable, mais les conséquences à en tirer devaient encore se faire attendre et nous ne fîmes que le noter.

A la fin de décembre, certains motifs de convenance nous parurent réclamer notre éloignement momentané du service. Nous partîmes donc, mais en y laissant nos armatures à la libre disposition des quatre malades. Pas besoin n'était de leur recommander de ne point négliger d'y recourir. Habituées à trouver du soulagement dans leur application, elles avaient fini par croire, les premières, à leur vertu curative, *douce illusion*, nous disions-nous en nous-même dans la pensée où nous persistions que leur amélioration n'était que l'effet d'une coïncidence, et, s'il arrivait que l'une d'elles fût surprise par une attaque, aussitôt ses compagnes de traitement accouràient pour les lui appliquer.

Durant cette interruption, le moment nous parut venu de nous recueillir, de mettre en ordre les faits que nous venions d'observer, tant à la Salpêtrière qu'à Cochin, et de faire connaître ceux qui avaient le plus de chance d'être favorablement accueillis. En conséquence, nous rédigeâmes un premier mémoire et, le 4 février 1850, nous l'adressions à l'Académie des Sciences sous ce titre : « *Note pour servir à l'histoire des effets physiologiques et thérapeutiques des armatures métalliques, ou de l'influence de certains métaux sur l'anesthésie.* »

Ce travail parut quelques jours après dans la *Gazette Médicale*. Nous y renvoyons le lecteur.

Au bout d'un mois et demi d'absence, nous revînmes à la Salpêtrière ne doutant pas que nos quatre hystériques, semblables à ce malheureux de la fable qui n'était jàmais plus loin du but que lorsqu'il se croyait le plus près de l'atteindre, ne fussent retombées dans leur premier état. Aussi, quel ne fut point notre étonnement de les voir venir à nous toutes joyeuses et nous apprendre, qu'après notre départ trois ou quatre dernières applications avaient suffi pour amener un changement complet chez Valois, Verdelet et Lhoste. Cette dernière, plus lettrée que ses compagnes, avait pris l'initiative de tenir un cahier d'observations générales, que nous avons encore, où il n'y a de consignés, pour elle, que quelques troubles hystériques sans importance et, pour Valois, une attaque provoquée par un acte de violence. Bien mieux, les accès d'épilepsie avaient eux-mêmes disparu et Lhoste était la seule qui en eût encore présenté.

De son côté Séguerlay avait vu tous ses accidents thoraciques et ses attaques disparaître en même temps que sa paraplégie et la parésie de ses membres supérieurs. Elle était devenue fille de service et, comme pour témoigner qu'elle était bien en état d'en remplir les fonctions, elle nous apparut chargée d'un gros sac de pommes de terre qu'elle rapportait de la cuisine, distante alors d'au moins trois cents mètres du pavillon Sainte-Laure, pour être épluchées dans la Division.

Toutes les quatre malades étant donc en voie de guérison, nous ne pouvions plus le méconnaître, nous interrogeons leur sensibilité, et ces hystériques que nous pouvions larder impunément au début avec une longue aiguille, à l'exception de Séguerlay qui avait, elle, conservé la sensibilité (1), souffrent maintenant du moindre pincement de la peau et de la plus petite piqûre, savent distinguer parfaitement le sucre du sel et flairent de même les odeurs.

Nous passons à l'examen des forces musculaires et chez toutes, sauf chez Lhoste qui était encore un peu amyosthénique, nous constatons que la motilité est devenue normale comme la sensibilité.

C'est ainsi que la découverte des propriétés esthésiogènes et dynamogènes des applications métalliques dans l'hystérie, déjà entrevue dans l'état magnétique, reçut une éclatante confirmation.

Frappé alors d'un trait de lumière, nous explorons la sensibilité de Sylvain et de plusieurs autres hystériques qui étaient restées dans le même état, et nous les trouvons tout aussi anesthésiques que jamais. Dès lors, comment nous refuser encore à voir que l'anesthésie et l'amyosthénie, si constantes dans l'hystérie et dans toutes les névroses que celle-ci résume, pour ainsi dire, marchaient de pair avec tous les autres phénomènes, qu'elles en étaient la mesure et probablement aussi la base, puisque les attaques avaient disparu avec le retour de la sensibilité et des forces ; et comment ne point conclure que, puisqu'il nous avait été impossible d'agir sur les désordres convulsifs sans atteindre du même coup l'anesthésie, la métallothérapie devait se servir de cette dernière comme d'une *pierre de touche* pour reconnaître d'avance l'action du métal ? Alors pourquoi des applications d'essai faites sur tout le corps pendant les attaques ? Une seule petite plaque de cuivre, appliquée sur une surface anesthésique, au bras, par exemple,

(1) Séguerlay est la première hystérique que nous ayons rencontrée sans anesthésie ; par contre, la motilité avait été anéantie chez elle à un haut degré. Ce sont ses troubles musculaires qui furent le point de départ de nos premières observations sur l'amyosthénie et sur le rôle qu'elle joue en névropathie conjointement avec l'anesthésie.

comme chez la malade de Beaujon, n'en devait-elle point dire tout autant qu'une armature entière ; ne suffisait-il pas que ce métal eût ramené la sensibilité sur un point pour être à peu près certain d'avance de triompher de l'attaque d'abord, puis de l'affection elle même ?

Pour en avoir la preuve, nous expérimentons sur d'autres hystériques et celles chez lesquelles le métal ramène la sensibilité, *et celles-là seulement*, sont délivrées de leurs attaques par une armature de cuivre. Plus vite un bracelet d'essai avait eu raison de l'anesthésie et mieux les armatures agissaient.

A partir de ce moment un jour tout nouveau se mit à luire sur la thérapie naissante, la métalloscopie était fondée.

Mais, si un certain nombre d'hystériques se montraient sensibles à l'action du cuivre, il y en avait d'autres qui y étaient absolument réfractaires comme Sylvain. Revenant alors à cette dernière, nous renouvelons sur elle nos applications et, dans l'espoir de donner au métal plus d'action, nous remplaçons le cuivre jaune par du cuivre rouge; nous le mouillons avec une compresse d'eau salée, ainsi que nous avions dû le faire quelquefois pour les cholériques; nous le doublons d'une plaque de zinc; nous le mettons en rapport avec un élément de Bunsen; etc., et toujours rien, l'anesthésie persiste malgré tout, et Sylvain continue à se rire de toutes nos piqûres, quelques profondes qu'elles soient.

C'est en vain que, saisi de toute l'importance du problème qui désormais s'imposait à nous sous la formule suivante : « Etant donnée une hystérique, trouver le moyen de ramener sa sensibilité et ses forces à l'état normal », nous en cherchions sans cesse la solution ; la sensibilité de Sylvain semblait toujours nous fuir. Et cependant cette solution, tant désirée et si obstinément demandée au cuivre tout seul, n'était plus à trouver; nous la possédions. Déjà, en effet, le magnétisme ne nous avait-il point appris que tel métal, autre que le cuivre, le fer, par exemple, ou l'or allié, qui n'avait point eu d'action sur l'anesthésie magnétique d'un premier sujet était, au contraire, esthésiogène sur un deuxième. Alors pourquoi persister à demander exclusivement au cuivre ce que d'autres métaux pouvaient faire à sa place? Pourquoi ne pas essayer, tout au moins, l'acier, le fer, l'argent et l'or, comme nous l'avions fait dans l'état magnétique? Mais aussi, comment, à peine revenu nous-même des préjugés de la veille, pouvions nous croire que la lumière était encore ici du côté du magnétisme ; comment, après tout ce que nous lui devions déjà, oser lui demander encore!..

Nous avions donc continué à fermer les yeux, lorsqu'un matin, le 2 mars 1850, date qui tient trop de place dans l'histoire de la métallothérapie pour que nous l'ayons oubliée, nous trouvons Sylvain occupée à coudre sur son lit avec un dé en fer. Tout en causant avec elle, l'idée nous vient de tâter la sensibilité de son doigt médius qui était armé de ce dé. Nous le piquons, sans trop de ménagement, et tout aussitôt Sylvain jette un cri de douleur, retire brusquement sa main et, peu après, essuie une gouttelette de sang qui, pour la première fois, vient sourdre de la piqûre. Nous repiquons le doigt un peu plus loin; l'aiguille est encore parfaitement sentie, mais moins qu'au voisinage du dé. Pendant ce temps les doigts voisins continuent à être tout aussi anesthésiques que jamais.

Nous reportons alors le dé sur un de ces derniers, sur le pouce; en moins de dix minutes, la sensibilité y revient aussi et toute piqûre de la pulpe saigne. Nous substituons au dé en fer un dé de cuivre : *rien*, et les doigts, rendus antérieurement sensibles par le fer redeviennent anesthésiques.

Voilà encore comment furent découvertes ou plutôt redécouvertes les différentes sensibilités métalliques, dont la thérapeutique proprement dite était appelée elle-même à tirer un si grand profit, en attendant que la révélation de l'idiosyncrasie par l'aptitude métallique portât d'autres fruits. C'est grâce à un simple dé que, notre horizon s'élargissant bien au delà de ce que nous n'aurions jamais osé même rêver, nous acquîmes définitivement le complément indispensable de la métalloscopie, la notion du *Polymétallisme*, et c'est par un cri de douleur que la métallothérapie reçut l'injonction d'avoir à cesser désormais d'être exclusivement *monométallique*!...

Le cri de Sylvain ne fut point le seul à avoir d'aussi heureuses conséquences à la Salpêtrière. Un autre, poussé bien des années après, par une deuxième malade du même service, la nommée Bucquet, dans des circonstances semblables, devait aussi ouvrir à M. le professeur Charcot le chemin de Damas. Mais n'anticipons pas.

Quelques jours après, des circonstances *douloureuses* — douloureuses pour la profession et pour les malades, comme pour nous-même, et qui marquèrent le commencement de la longue odyssée de la métallothérapie — nous obligeaient de quitter la Salpêtrière où nous avions encore tant à récolter, la campagne que nous devions encore y faire un quart de siècle plus tard, en 1876, l'a démontré du reste. Heureusement que la guérison apparente de nos quatre malades ne se démentit point et que nous eûmes la satisfaction d'apprendre que, peu de temps après, Lhoste, Valois et Verdelet avaient pu rentrer dans leurs familles et que Séguerlay était passsée définitivement fille de salle.

Auparavant il n'avait point fallu moins de toute une période de dix années pour que le pavillon Sainte-Laure rendît à la vie privée trois seulement de ses pensionnaires !...

De plus, nous emportions en nous deux choses : les germes de la métallothérapie interne, acquis nous verrons tout-à-l'heure comment, et cette notion, qui devait particulièrement profiter au magnétisme, que deux des malades, Lhoste et Sylvain, avaient été magnétisées à l'hôpital de la Pitié, par lequel elles avaient passé comme Picardel, et que Sylvain — *sensible au fer* — s'y était montrée réfractaire, tandis que Lhoste — *sensible au cuivre* — avait, elle, été tout de suite endormie par l'élève (nous en avons oublié le nom) qui avait été autorisé par M. Gendrin à faire cette tentative ultime.

LA MÉTALLOTHÉRAPIE DEVANT LA FACULTÉ (*Thèse inaugurale*, FÉVR. 1851) ET L'ACADÉMIE DE MÉDECINE (MAI 1852).

Peu de temps après avoir quitté la Salpêtrière, nous allâmes poursuivre nos expériences et observations à l'Hôtel-Dieu, dans les services de Rostan et Tardieu, à la maison Dubois, dans ceux de MM. G. Monod et Duméril, à l'hôpital Necker, dans le service d'Horteloup (père), à Beaujon, chez Robert encore une fois, etc., et lorsque, pendant trois années, nous eûmes suffisamment étudié les hystériques, les chlorotiques et les névropathes de toutes sortes et de tout sexe ; lorsque, devenu maître, en quelque sorte, avec nos armatures de la sensibilité et des forces musculaires des sujets, il nous eut été donné, en les faisant disparaître ou revenir à volonté, de reconnaître la valeur séméiologique de l'anesthésie et de l'amyosthénie et de ne pouvoir plus douter de la prépondérance qu'elles exercent, l'une et l'autre sur tous les autres symptômes, y compris les troubles gastriques et tous les désordres consécutifs dans la nutrition, dans les sécrétions, etc., c'est alors, et *alors seulement*, que la métallothérapie vint s'affirmer devant la Faculté et y soutenir les doctrines et les principes qui peuvent se résumer en les termes suivants :

On peut ranger toutes les névroses en deux grandes classes :

1· Celles où la sensibilité et les forces musculaires sont intactes, sauf le cas d'alliance d'une névrose de cette classe avec une névrose de celle qui suit, comme dans l'hystéro-épilepsie, par exemple ;

2· Celles où il y a toujours anesthésie ou analgésie, parésie ou amyosthénie.

Dans les névroses de la deuxième classe, qui sont de beaucoup les plus nombreuses, et dans l'hystérie en particulier, ce qui prédomine ce sont les troubles en moins de la sensibilité et de la motilité (symptô mes *hyponerviques*). L'anesthésie et la parésie ou leurs diminutifs, l'analgésie et l'amyosthénie, précèdent toujours, en effet, l'apparition des troubles contraires, c'est-à-dire des névralgies, des spasmes, etc. (symptômes *hypernerviques*), quels qu'en soient la forme et le siège; ils mesurent, par leur intensité même et leur étendue, le degré de la névrose; ils la suivent pas à pas dans toutes ses phases; ils augmentent ou diminuent avec elle dans la même proportion; ils en constituent le *pouls*, pour ainsi dire, de telle sorte : Qu'une affection nerveuse avec anesthésie et amyosthénie étant donnée, tout le traitement, comme nous le disions plus haut, consiste à trouver un moyen, quel qu'il soit, qui puisse ramener la sensibilité et la motilité à l'état normal.

Les agents pour atteindre ce but sont nombreux. Il y a, par exemple, l'hydrothérapie, la gymnastique, l'électricité, les excitants de toute sorte, les rubéfiants, les vésicatoires, etc., le magnétisme animal, les neuvaines mêmes comme tout ce qui peut frapper l'imagination.

Mais, de tous les moyens, un des plus efficaces c'est l'application méthodique d'armatures formées d'un métal qui, suivant des affinités individuelles mystérieuses, est tantôt le fer ou l'acier, tantôt le cuivre, d'autres fois le zinc, l'étain, l'or, l'argent, etc., le platine rarement.

Trouver d'abord, par une exploration métalloscopique préalable, le métal qui, appliqué sur un bras anesthésique ou amyosthénique y ramène la sensibilité ou la force musculaire; appliquer ensuite, par intervalles, ce métal sur les membres, symétriquement, et sur le tronc jusqu'au retour complet de la sensibilité, soit générale, soit spéciale, et de la motilité ; voilà, en somme, ce que nous disions, le 7 février 1851, en présence de juges dont trois, Rostan (président), Vigla et Tardieu avaient encouragé nos recherches et vu surgir les faits nouveaux que nous apportions à l'appui de nos doctrines, voilà ce qu'était déjà la métallothérapie.

Notre thèse contenait en outre certaine page, que nous réservons pour la fin de ce travail, qui montre que, dès cette époque, nous commençions à acquitter notre dette de reconnaissance envers le magnétisme animal.

L'œuvre était donc, on le voit, déjà fort avancée, il y a trente ans passés. Toutefois une chose importante y manquait encore pour qu'elle pût porter tous ses fruits, c'était la métallothérapie interne. Nous ne tardâmes point à l'y ajouter, voici à la suite de quelles observations.

Après que le dé de Sylvain nous avait eu ouvert définitivement les yeux sur le polymétallisme, nous nous étions mis à essayer le fer sur les malades qui, comme elle, s'étaient montrées rebelles à l'action du cuivre. Chez toutes ce métal était resté muet, quoique pourtant il occupe le sommet de l'échelle métalloscopique, et, vingt-cinq années plus tard, disons-le déjà, nous devions observer encore à la Salpêtrière les mêmes effets négatifs du fer, tout à l'heure on verra pourquoi. Or, plusieurs de ces malades, interrogées sur leurs divers traitements, nous avaient répondu que le fer leur avait été administré sous différentes formes, et *toujours* sans le moindre succès.

Cette résistance absolue aux préparations martiales, étant concordante chez elles avec l'impuissance radicale du fer à l'extérieur, aurait dû déjà nous frapper. Mais il n'en fut rien et le fait resta seulement dans notre esprit à l'état de souvenir latent.

Plus tard, à l'Hôtel-Dieu, nous faisions encore l'observation que des hystériques, toutes plus ou moins chlorotiques, qui étaient sensibles au cuivre et *non au fer*, avaient aussi été traitées vainement par les préparatious martiales. Par contre, il nous arriva d'en rencontrer d'autres qui déclaraient s'en être bien trouvées, et, les ayant soumises à l'exploration métalloscopique, nous les trouvâmes en effet sensibles au fer et non au cuivre.

Mais une observation particulièrement décisive fut cellle d'une malade de Tardieu, que nous avons rapportée dans notre thèse (p. 48) sous la signature de l'interne du service qui l'avait recueillie, M. le Dr Pierre.

Il s'agit d'une hystérique, L..., sensible au fer et traitée en conséquence par des armatures d'acier. L... s'en était de suite très bien trouvée. Déjà ses attaques avaient disparu, les règles étaient revenues avec une abondance et une coloration normales, l'estomac avait repris ses fonctions, etc., en un mot, tout marchait à souhait quand la malade se fit renvoyer pour son insubordination.

Deux mois mois après, L... dut rentrer dans un autre service. On l'y traita cette fois par le fer intérieurement, et les résultats furent identiques à ceux que l'application externe seule de ce métal avait déjà donnés. C'était plus qu'il n'en fallait pour nous remettre en mémoire nos observations de la Salpêtrière, et nous ne pûmes point ne pas tirer de tous ces faits et de quelques autres qui suivirent cette conclusion à savoir :

Qu'il existait probablement un rapport intime entre l'action interne d'un métal et son action externe qui permettait de conclure de celle-ci à la première, et réciproquement, et peut-être même de préjuger, quand il s'agissait de l'administrer à l'intérieur, de la posologie d'après la rapidité et l'intensité de son action externe.

Cette conclusion, si pleine de promesses, nous vînmes la porter, en personne, et la développer à la tribune de l'Académie de médecine, le 18 mai 1852, dans un mémoire qui parut peu de temps après dans la *Gazette Médicale* sous ce titre : « *Note sur une application nouvelle des métaux à l'étude et au traitement de la chlorose.* »

Après y avoir répondu à ces questions :

Quel est le mode d'action du fer dans la chlorose ?

Pourquoi le fer ne guérit point toujours la chlorose ?

Dans quels cas le fer est-il utile et quand faut-il le rejeter ?

Par quel métal doit-on remplacer le fer quand il est nuisible ou sans effet ?

Après avoir fourni les preuves cliniques que la chlorose peut guérir tout aussi bien par l'application externe du fer que par son administration interne, mais *qu'elle ne guérit jamais* par ce métal, *intus* comme *extra*, que quand le sujet est porteur d'une idiosyncrasie fer, et que, dans le cas contraire, d'autres métaux, le cuivre, le zinc, l'or, etc., peuvent faire ce qu'on avait demandé en vain au fer, et le faire absolument de la même façon ; après avoir ainsi fait justice de la vieille théorie chimiatrique de l'action directement reconstituante du fer sur les globules du sang ; après avoir commencé à démontrer implicitement que, si les hystériques sensibles au fer sont si rares dans les asiles que Sylvain est peut-être bien la seule qui ait jamais été internée à la Salpêtrière, cela tient à ce que ce métal est banalement administré à toutes ces sortes de malades et que celles qu'il peut guérir passent au travers *du crible*, qu'on nous passe le mot, tandis que les autres, sensibles à des métaux qu'il ne pouvait venir à l'idée de personne de leur administrer, comme l'or, le platine ou même le cuivre, restent, elles, nécessairement dessus, nous disions :

« La chlorose n'est jamais qu'un symptôme. Elle arrive presque fatalement dans les névroses sous l'influence des troubles asthéniques (ou hyponerviques) anesthésie, amyosthénie, aménorrhée, etc., qui caractérisent la plupart de ces affections, et se guérit de même par n'importe quel moyen ou quel agent qui ramène la sensibilité, la motilité, la menstruation, etc., à des conditions normales. En cela le fer à l'intérieur n'agit point autrement qu'une armature de ce même métal : une fois l'innervation bien rétablie dans tous les organes, la dyspepsie cesse, le tube digestif reprend toutes ses fonctions et, bientôt, le sang retrouve dans les aliments eux-mêmes, et *point ailleurs*, tous les éléments nécessaires à sa réparation.

« Il existe dans les métaux une propriété particulière qui, soit par l'électricité ou le magnétisme dont elle ne serait qu'une modification, soit par toute autre cause qui nous échappe, les rend propres à exercer une action directe sur la force nerveuse, à l'attirer, quand on les applique à la surface du corps, et à la répartir uniformément dans l'oaganisme lorsqu'ils sont donnés à l'intérieur sous une forme convenable.

« Cette propriété, variable pour les différents métaux et leurs alliages, attractive ou répulsive suivant les individus auxquels elle s'adresse, semble constituer autant d'aptitudes métalliques différentes qu'il existe de métaux. De là il résulte que, dans les mêmes conditions, tel malade éprouve de bons effets d'un métal à l'intérieur ou à l'extérieur tandis qu'un deuxième, qui se serait très bien trouvé au contraire de l'usage d'un autre métal, ne ressent rien avec le fer, par exemple, si même des accidents (constipation, maux de tête, etc.,) ne suivent point son administration interne.

« L'ignorance de ces aptitudes et, d'ailleurs, l'impossibilité de les constater avant que les métaux ne fussent entrés dans la voie que la métallothérapie leur a ouverte, fut souvent nuisible à l'art comme aux malades, et il importerait qu'à l'avenir on pût éviter dans l'administration des différents oxydes ou sels métalliques les tâtonnements du passé. Or si nous ne faisons point erreur, les applications externes de métaux, déjà si utiles par elles-mêmes, sont très propres pour cela et désormais ces agents, devenus en outre comme des sortes de *pierres de touche*, par la rivalité qui semble exister entre leur action interne et leur action externe, seraient d'un grand secours, non seulement pour éclairer le médecin dans le choix des anciennes formules, mais aussi pour l'aider à en créer sûrement de nouvelles. »

Ce langage était bien, il nous semble, celui que nous devions tenir devant la savante Compagnie à laquelle nous avions l'honneur de l'adresser. Il ne manquait point de la réserve voulue, puisque nous avions par devers nous une expérience de plusieurs années qui nous permettait d'être plus affirmatif encore. De plus, nous avions ici, comme dans notre thèse, pris la précaution de nous appuyer presque exclusivement sur des observations empruntées à des internes, MM. S. Pierre, Coffin, Salneuve, Liendon, etc., qui les avaient recueillies eux-mêmes dans les services des maîtres sous les yeux desquels nous avions opéré, et il y avait dans le sein de l'Académie plus d'un de ses honorables membres qui pouvaient en témoigner. Mais les faits étaient si particulièrement nouveaux, si peu *orthodoxes*, disons le mot, nos doctrines sur l'anesthésie et l'amyosthénie cadraient si peu avec les idées ayant cours, nous y faisions une part si grande à la synthèse aux dépens de l'analyse qui régnait alors en souveraine, que nous n'étonnerons personne si nous disons que notre lecture du 18 mai 1852 fut accueillie de la belle façon, au dehors comme au dedans de l'enceinte où nous l'avions faite.

Jusque-là la métallothérapie avait été comme tolérée, ou bien l'on s'était borné à sourire sur son passage. Mais, à partir du jour où nous avions osé venir planter son drapeau à la tribune même de l'Académie, il y eut comme un *tolle* général contre elle. Nos armatures « *n'étaient que d'innocentes amulettes* », écrivit l'un des membres les plus autorisés de la Compagnie, et les auteurs des ouvrages spéciaux, comme s'ils se fussent donné le mot, se turent sur la métallothérapie ou bien n'en parlèrent plus, les uns que du bout des lèvres et les autres pour la défigurer, comme à plaisir, et la traiter en fille perdue de la cabale et de l'hermétisme. Et, comme, malgré tout, nous persistions à « *poursuivre notre chimère* », comme nous entassions toujours notes et mémoires dans les cartons des Sociétés savantes, d'aucuns finirent par en arriver à mettre notre raison en suspicion ! Il advint même que certain membre de l'une de ces Sociétés, pour avoir raison de notre persistance à l'invoquer, ne trouva rien de mieux que de proposer un jour à son bureau de nous traiter à l'égal des chercheurs du mouvement perpétuel ou de la quadrature du cercle, c'est-à-dire de *rayer notre nom* de la *correspondance* ! ! Et il en fut toujours ainsi, malgré la publication de nouvelles observations recueillies à l'Hotel-Dieu dans les services de Trousseau et de Robert (voir notamment la *Gazette des Hôpitaux* du 22 mai 1866 : *Cas très curieux d'hystérie et de chlorose guéri par le cuivre, intus et extra*, par Bosias, interne de Robert); malgré que des maîtres, M. Bouchut, par exemple, ou bien des praticiens très autorisés comme MM. Tripier, Dufraigne, etc. (1), fussent venus les corroborer par les fruits de leur propre expérience; et quoique Trousseau, lui-même, nous eût rendu maintes fois justice à sa clinique, dans ses leçons et jusqu'à la tribune de l'Académie, lors d'une discussion mémorable sur la chlorose. L'amitié souvent et la bienveillante estime toujours de tous les maîtres, sans exception, qui nous avaient vu à l'œuvre ne purent nous sauver elles-mêmes pas plus des dédains que des sarcasmes !..

Si nous parlons d'un passé où nous eûmes à subir tant de tristesses, c'est parce que nous écrivons en ce moment une page d'histoire, parce que cette page témoigne, une fois de plus, à quoi s'exposent tous ceux qui, au lieu de s'élever doucement en suivant les sentiers battus, commettent la folie de se condamner à rester aux derniers rangs pour avoir plus de temps à consacrer à ouvrir des voies nouvelles, et que nous tenons à y montrer combien fut aussi osée que généreuse la Société de Biologie lorsque, sous l'inspiration de Claude Bernard, elle prit l'initiative d'examiner ce qu'il y avait de vrai au fond d'une découverte si universellement repoussée, pour ne

(1) On trouvera dans le journal de la *Société Gallicane*, année 1851, un important mémoire du Dr J. Perry, sur l'*Emploi des métaux à l'extérieur*. L'auteur y cite sa propre observation.

pas dire conspuée, combien elle s'est acquis par là de titres à l'estime des vrais savants et combien notre reconnaissance personnelle doit être grande pour cette Société.

Mais poursuivons.

DÉCOUVERTE DES PROPRIÉTÉS ANTICHOLÉRIQUES DU CUIVRE ENQUÊTE DE LA PRÉFECTURE DE LA SEINE SUR CES PROPRIÉTÉS

Rapports de MM. **Vernois** et **Devergie** au Conseil d'hygiène et de M. le Dr **Pauchon** à la Société des médecins de Marseille.

Nous venions à peine d'écrire les dernières pages de notre mémoire sur la chlorose et de couronner par ce travail la métallothérapie, car, depuis, il n'y fut rien ajouté d'essentiel si ce n'est le si curieux phénomène du *transfert*, lorsque le hasard offrit à notre esprit une puissante diversion en le dirigeant vers un nouveau et vaste champ de recherches.

Un jour du mois d'avril 1852, où les affaires de la métallothérapie nous avaient conduit dans une importante fonderie de cuivre de la rue des Gravilliers, les hasards de la conversation nous apprirent que tous les ouvriers et tous les locataires du n° 22, où cette fonderie était située, au nombre de 200 environ, avaient tous été épargnés par le choléra aussi bien dans l'épidémie récente de 1849 que dans celle si formidable de 1832. L'observation avait ici d'autant plus de valeur que celui qui l'avait faite était lui-même un peu au courant des choses de la médecine. Cependant nous l'avions à peu près oubliée lorsque, un ou deux mois après, les mêmes besoins nous fournirent l'occasion de recevoir une déclaration identique dans trois autres fonderies en cuivre de la même rue, sises aux numéros 20, 35 et 46 (aujourd'hui il n'en existe plus qu'une seule, celle du numéro 35).

Cette immunité cholérique étant très loin d'être justifiée par la réputation de salubrité du quartier, par l'état des maisons, qui toutes les quatre étaient misérables d'aspect, par l'hygiène de leurs habitants et la mortalité des habitations voisines, il nous était bien impossible de ne point en être frappé et de n'y voir qu'une simple coïncidence.

En conséquence, toute affaire cessante, nous nous mîmes à visiter dans le quartier d'autres fonderies et différentes fabriques de bronze, de cuivrerie, d'instruments de musique, etc., et partout nous rencontrâmes la même immunité !

Cela étant, une nécessité s'imposait, celle d'en savoir davantage. De là cette longue lutte, que l'on sait, contre le fléau indien qui, durant vingt années, nous tint en haleine ; de là des enquêtes sans nombre que nous poursuivîmes dans toutes les industries à cuivre et dans les industries similaires sur d'autres métaux, les unes, en personne, jusqu'à Londres, en 1853, jusqu'à Marseille et Toulon, en 1865, et les autres, par correspondance, dans différentes parties de la France, notamment à Villedieu, où est concentrée la chaudronnerie en cuivre, et à Montpellier, où siège l'industrie du verdet ; en Suède, dans les mines de cuivre de Phalen et de Linképing et, en Espagne, dans celles de Tinta ; en Russie, dans les mines de Sibérie du prince Demidoff ; en Italie, à Florence et surtout à Naples, où existent beaucoup de *ramieri* (cuivriers), par l'intermédiaire des docteurs Gallarini et de Rogatis ; en Hongrie, en Silésie, etc., et jusqu'à Bagdad... ; de là tout un monceau de preuves authentiques qui font de la préservation cholérique des ouvriers en cuivre une vérité tout aussi bien démontrée, tout aussi rare en exceptions que l'immunité variolique chez les individus bien et dûment vaccinés (1).

Et cependant, malgré ces preuves innombrables, malgré que tous ceux, industriels, ingénieurs, savants, médecins, etc., qui s'étaient donné la peine d'y regarder de près, l'eussent unanimement proclamée, cette préservation fut niéee comme l'on avait nié les faits de métallothérapie qu'il était pourtant si facile de vérifier, et nous eûmes à accomplir toute une autre odyssée qui fut marquée par les plus étranges choses.

C'est ainsi, nous le disions devant le Congrès international d'hygiène de Paris, que l'on vit nos adversaires faire figurer dans leurs statistiques, comme ouvriers en cuivre, des jardiniers, des hommes de peine, des marchands de poissons,

(1) On trouvera l'exposé de la plupart de nos recherches antérieures à l'année 1868 dans notre monographie : *Du Cuivre contre le choléra*, chez G. Baillère, Paris 1869.

des chaudronniers en fer, des serruriers, des potiers, des carrossiers, etc, qu'ils avaient été chercher jusque dans l'Inde. Il y eût même un confrère, celui-là a particulièrement mérité que son nom ne soit point oublié— il s'appelait Stoufflet —, qui poussa la fantaisie jusqu'à faire d'une dame Leverbe : « Un ouvrier de cette catégorie, depuis l'adolescence, et qui, parlant à sa personne, *lui avait déclaré avoir été lui-même dangereusement malade*!... »

Fort heureusement qu'il se trouva un préfet de police, M. Piétri, qui, après l'épidémie de 1865-66, jugeant que la chose en valait la peine, ordonna une contre-enquête à l'effet de vérifier les nouveaux faits d'immunité que nous venions encore de signaler. On dressa donc à la Préfecture la liste de tous les ouvriers morts du choléra qui, par la désignation de leur profession,pouvaient être suspectés d'avoir échappé à la préservation annoncée (1). Une attention toute spéciale fut donnée,bien entendu,à ceux qu'on s'était particulièrement plu à signaler à l'hôpital Saint-Antoine comme ayant fait échec à cette préservation.On envoya,*pour chaque ouvrier*, un bulletin et un questionnaire aux commissaires de police

(1) La statistique des décès est, aujourd'hui encore, dressée d'une manière si sommaire qu'il est impossible le plus souvent, pour toute une grande catégorie d'ouvriers, d'en tirer autre chose, au point de vue de la profession, que des renseignéments propres seulement à permettre d'aller s'enquérir à domicile de celle qu'exerçait véritablement le décédé. On y trouve, par exemple, à chaque instant, sous la rubrique PROFESSION, *fondeur*, *tourneur*, *polisseur*, *chaudronnier*, *ciseleur*, etc., et c'est tout. Les cas où le médecin vérificateur ajoute le mot nécessaire pour faire savoir au juste ce que fondait, tournait, polissait, chaudronnait, ciselait, etc. le défunt, sont l'exception.

Mainte fois nous nous sommes élevé conre cette lacue; mainte fois nous avons demandé à qui de droit qu'on y remédiât et que, de plus, il fut ordonné d'ajouter à la profession ces mots *en activité*, ou bien *en chômage*, qui coûteraient si peu et en diraient parfois si long. Mais, comme ceux auxquels nous nous adressions n'avaient jamais eu occasion de constater par eux-mêmes les défectuosités des tableaux nosographiques et d'en pâtir, notre voix ne fut jamais entendue, et ces tableaux continuèrent à rester lettre si complètement morte que nous sommes *le seul* qui ait eu jamais le courage d'aller exhumer du tombeau de poussière dans lequel ils étaient ensevelis aux archives de la Ville ceux que la Commune a brûlés. Et cependant leur confection avait coûté, depuis l'origine, une somme qu'on ne saurait évaluer à moins d'un million de francs !...

des quartiers dans lesquels avaient respectivement logé ou travaillé les ouvriers décédés, avec ordre de s'informer, à bonne source, de la nature du métal mis en œuvre et des conditions spéciales dans lesquelles ces ouvriers se trouvaient au moment de leur mort. L'administration recueillit de la sorte des renseignements précis, et *non à vue de nez*; elle les réunit à tous les documents de même nature, qui étaient entrés en notre possession depuis l'année 1852, et l'énorme dossier fut renvoyé à l'examen du Conseil d'hygiène et de salubrité de la Seine.

A quelque temps de là, le 9 juillet 1869, le rapporteur, M. le Dr Vernois, de si regrettable mémoire, venait lire à ses éminents collègues un raport magistral concluant en ces termes :

« J'ai parcouru, Monsieur le Préfet, avec la plus grande attention, toutes les parties principales de cette immense enquête. Au point de vue médical et hygiénique elle est très remarquable. Plus que toute autre elle offre ce caractère particulier d'authenticité que le Dr Burq n'a fait qu'analyser les documents recueillis par d'autres mains que les siennes, que sa base d'opération a été surtout la statistique dressée par l'Assistance générale et par votre Préfecture, que vos agents ont contrôlé eux-mêmes les résultats annoncés par M. Burq.

« Quelque extraordinaire que puisse paraître l'action du cuivre contre l'invasion du choléra, les faits sont si nombreux, étudiés avec tant de soin, qu'on ne saurait nier, au moins jusqu'à ce jour, à Paris, le fait même de la coïncidence du petit nombre de cholériques dans les professions à cuivre...

« Il ne sera que justice d'applaudir au travail considérable accompli par le Dr Burq, de dire que les résultats statistiques obtenus sont très intéressants et que, si les faits observés ultérieurement sont conformes à ceux déjà recueillis, ils devront ouvrir à la prophylaxie du choléra une voie nouvelle et salutaire (1). »

VERNOIS.

(1) Voir dans *Rapport général* sur les travaux du Conseil d'hygiène publique et de salubrité de la Seine, depuis 1867 jusqu'à 1871, p. 31 et suiv.

Quatre années plus tard, après la petite épidémie de 1873 qui avait fait à Paris environ 600 victimes, nouvelle enquête et nouveau rapport au Conseil d'hygiène dans lequel le vénérable M. Devergie, rapporteur, concluait à son tour :

« Que les ouvriers en cuivre jouissent d'une immunité complète lorsqu'ils continuent leur travail pendant les épidémies de choléra; que l'épidémie de 1873 n'avait fait que confirmer mes premières allégations. »

Enfin la Société de médecine de Marseille, saisie par nous-même de la question et invitée à se prononcer sur la véracité des observations que nous avions été faire personnellement, en 1865, dans cette ville ainsi qu'à Toulon, à la Seyne et à Aubagne : « Rendait hommage à la valeur de nos recherches » et les confirmait pleinement, dans la séance du 20 décembre 1873, sur le rapport de M. le Dr Pauchon, nous en fûmes avisé,le 29 janvier suivant, par son honorable secrétaire général, M. le docteur de Capdeville.

Nos adversaires, battus sur la question de l'immunité professionnelle, se réfugièrent alors sur celle du traitement du choléra par le cuivre qni en avait été induite, mais que nous n'avions présentée que bien après la question de préservation artificielle et seulement comme une espérance. Avec la bonne foi qui les avait déjà caractérisés, ils turent les succès remarquables obtenus à Marseille, ostensiblement, par le docteur Lisle à l'asile des aliénés — 21 guérisons sur 26 cas traités par le sulfate de cuivre, alors qu'il y avait eu antérieurement 12 décès sur 14 cas traités par les moyens ordinaires à Paris — par MM. Pellarin, Blandet, Arnal, G. Monod, Dufraigne, Berger, Groussin, etc. et ailleurs, aussi bien que par nous-même, lorsque les sels de cuivre avaient été administrés en temps opportun et à dose suffisante ; ils exaltèrent au contraire les insuccès pouvant être très légitimement attribués,les uns à ce que la dose du remède était lilliputienne, 0,04 à 0,06 cent. de sulfate de cuivre *dans les* 24 *heures* !... et les autres à ce que, quoique la dose fût convenable, la porte était absolument fermée à l'absorption, les malades étant presque tous algides, sans pouls ni urines ; on ne tint pas le moindre compte des réserves expresses que nous avions faites, disant textuellement: « Que la question du traitement était essentiellement distincte de la préservation et,qu'alors même que le cuivre n'aurait aucune action contre le choléra lui-même, la préservation n'en saurait être pas plus infirmée que ne le fut la préservation de la variole par la vaccine par les échecs de ceux qui avaient espéré trouver aussi dans le cow-pox un moyen curatif; et, comme ces adversaires qui ne voulaient pas recevoir de nos mains les métaux, pas plus pour une destination que pour une autre, étaient nombreux, comme ils avaient l'autorité qui nous manquait, la préservation du choléra par le cuivre est restée pour beaucoup ce que l'un d'eux, M. le Dr Mesnet, avait qualifié « d'espérance déçue », et la question pratique n'a pu se relever encore qu'au Japon (1) de ces paroles prononcées, en novembre 1866, au sein de la Société médicale des hôpitaux:

« Grâce à des convictions moins heureuses que tenaces, l'occasion nous est fournie, pour la dernière fois, nous l'espérons, de vous parler du médicament (sulfate de cuivre) et de la médication. »

DOCTEUR BESNIER.

Mais vienne une nouvelle Commission qui soit animée du même esprit de justice que celle dont nous aurons à parler dans un moment, qui ait un Secrétaire rapporteur aussi zélé, aussi soucieux des intérêts de la science et de l'hnmanité seulement et qui soit aussi peu avare de son temps, et la question de l'immunité cholérique des ouvriers en cuivre,avec toutes les conséquences qui en découlent naturellement, aura

(1) M. le Dr E. Mailhet, médecin au Japon des mines impériales d'Ikouno, a publié dans la *Gazette des Hôpitaux* du 27 janvier 1880, sous ce titre: CHOLÉRA ET EMPLOI DU CUIVRE, une note dans laquelle il rapporte qu'ils ont fait usage en 1879, lui et un confrère japonais, le Dr Montsougi, de ceintures de cuivre, dans une épidémie de choléra très meurtrière, sur plusieurs centaines de personnes, à titre de moyen prophylactique, et que toutes furent épargnées, « sauf une vieille femme portant un petit scapulaire en cuivre, de la dimension d'une pièce de 1 franc, et une autre femme atteinte de choléra léger, porteuse d'un quart de ceinture qu'elle n'avait appliqués qu'après l'invasion de la maladie.»

également son triomphe,nous l'espérons,ou l'on saura,tout au moins, que tout ce que nous avions dit ici était encore de la plus scrupuleuse exactitude.

Pour être complet, nous aurions à parler maintenant des recherches parallèles que nous fîmes à l'effet d'établir si, oui ou non, cette immunité coûte quelque chose à la santé des bénéficiaires,ainsi que de celles qui suivirent, plus tard, chez les ouvriers de la même catégorie dont la conséquence a été de rendre très plausible cette opinion : que ceux de ces ouvriers qui, par la ténuité et l'abondance des poussières cuivreuses qu'ils respirent, se rapprochent le plus des conditions d'imprégnation cuprique qu'on réalise avec tant d'avantages, dans l'industrie, pour les traverses de chemins de fer, pour les poteaux télégraphiques, pour les bâches, etc., et, dans l'agriculture, pour le blé, doivent être aussi plus ou moins inaccessibles aux maladies infectieuses en général. Une enquête, faite à Paris après l'épidémie de fièvre typhoïde qui y a régné en 1876, dont nous avons rendu compte à la tribune de l'Académie, a paru démontrer, qu'en tout cas, cette opinion était fondée en effet quant à ce qui concerne cette affection (1).

Nous aurions aussi à mentionner les expériences que nous faisions sur les animaux dès 1869, en collaboration avec M. le docteur Ducom, à l'effet d'établir le degré de toxicité des sels de cuivre et,partant, jusqu'à quelle dose on pouvait les porter impunément en vue de tenter de réaliser les espérances prophylactiques et curatives nées de toutes nos observations sur

(1) Il existe à Paris uue société de secours mutuels dont les registres médicaux parfaitement tenus sont particulièrement précieux à consulter. Cette société, dite du *Bon Accord*, est composée exclusivement d'ouvriers ciseleurs, tourneurs et monteurs en bronzes, au nombre de trois à quatre cents. Elle a été fondée en l'année 1819 et, depuis cette époque, c'est-à-dire pendant une période de plus de soixante années, elle n'a pas eu un seul décès pas plus par la fièvre typhoïde que par le choléra !... En outre, nous ne nous souvenons point avoir rencontré ni un cas de variole, ni un cas de dyphthérie daos le pointage des maladies que nous avons fait en compagnie du secrétaire-trésorier de la Société, M. Barré, contre-maître de la maison Dénière où l'on trouvera les registres et les statuts sociaux depuis la fondation.

l'action antiseptique du cuivre (1). Mais ce serait par trop nous étendre sur un sujet qui, quoique faisant bien partie du burquisme, ne ressortit point à la métallothérapie proprement dite qui est surtout ici en cause, puisque l'idiosyncrasie n'y compte plus pour rien et qu'il s'agit toujours de l'emploi d'un seul et même métal, le cuivre.

(1) M. le docteur Moricourt, ancien interne des hôpitaux, a publié dans la *Gazette des Hôpitaux* des 19 mars 1880 et 29 novembre 1881, 4 observations de fièvre typhoïde où le sulfate de cuivre, administré en potion et en lavement, *larga manu*, a donné les meilleurs résultats.

IV

DEUXIÈME PÉRIODE (1860 à 1876)

Expériences à l'hôpital Lariboisière, en 1868-69 et à Vichy en 1871-72

CONTRE LE DIABÈTE ET LA CACHEXIE ALCALINE

Apparition de la thermométalloscopie

Depuis nombre d'années nous nous étions résigné, de guerre lasse et la diversion aidant de nos travaux sur le choléra et sur d'autres questions, notamment sur l'influence des différents exercices pulmonaires dans la phtisie (1) et sur cette haute question d'hygiène publique, la filtration en grand des eaux courantes, qui nous fit prendre une part active à la discussion fameuse qui s'engagea en 1861 devant l'Académie quand il s'agit de doter Paris d'un supplément d'eaux potables, nous nous étions résigné, disons-nous, à ne plus faire de la métallothérapie que pour notre compte et à n'en presque pas parler, nous bornant à plaindre, plus ou moins haut, les nombreux malades auxquels elle aurait pu venir en aide, lorsque, vers la fin de 1868, au mois d'octobre, certain défi nous amena à faire de nouvelles expériences à l'hôpital Lariboi-

(1) Cette question nous a occupé pendant plusieurs années. Tous les professeurs de déclamation, de chant et de musique émérites, tous les artistes, tous les virtuoses et tous les fabricants d'instruments de musique en cuivre les plus en renom, les directeurs des maitrises et des orphéons de Paris, les confrères en rapport fréquent avec le personnel de nos premières scèneslyriques, etc., ont été consultés. Nous avons dressé le tableau des actes de

sière. On se rendra facilement compte de la surprise que dut y causer la réapparition de la métallothérapie par le langage suivant que tenait la *Gazette des Hôpitaux*, dans une Revue clinique du 28 mai 1869.

« Qu'est-ce que la métallothérapie ? Beaucoup de médecins l'ignorent, quelques-uns l'ont oublié, les plus jeunes n'en ont peut-être pas entendu parler... La *Gazette des Hôpitaux* a publié, dans le temps, des faits qui étaient de nature à fixer l'attention. Pourquoi le silence s'est-il fait autour de ces faits ? Pourquoi a-t-on oublié des résultats incontestables, puisqu'ils ont été constatés par des témoins irrécusables ? C'est ce que nous ne chercherons point à expliquer... Toujours est-il, qu'a-

décès dans les différents hôpitaux militaires de Paris et de Versailles, et des congés de convalescence qui y ont été délivrés aux militaires, d'une part, et aux musiciens trompettes ou clairons, de l'autre, pendant une période de 26 années. Nous avons ensuite recherché la mortalité par phthisie pulmonaire dans les maisons centrales de force et de correction où s'observe la loi du silence. Plus tard, nous avons étudié à l'Ecole de gymnastique militaire de Joinville-le-Pont l'influence des exercices vocaux qu'on y pratique sur le développement des organes thoraciques, et de tout cela, de toutes ces recherches, que nous avons exposées en 1878 devant le Congrès international d'hygiène de Paris, il est résulté la preuve évidente :

Que cette opinion de Benoiston de Chateauneuf, qui fait encore loi dans la science, en vertu de laquelle on devrait condamner au repos les organes respiratoires de ceux qui sont plus ou moins prédisposés à la phthisie est absolument erronée.

Que tous les exercices vocaux, quels qu'ils soient, et le jeu des instruments à vent en première ligne, quand ils s'accomplissent avec mesure et sans fatigue, ni sans que rien, soit dans le vêtement, soit dans l'attitude, puisse venir mettre obstacle à la libre expansion pulmonaire, sont, au contraire, salutaires au premier chef pour toutes les poitrines délicates, tandis que leur mise au repos et, en particulier, le mutisme imposé dans les Maisons centrales est néfaste et ne justifie que trop cette opinion posée comme un axiome par Coindet (de Genève) : « Le silence alanguit le système digestif, en débilite les organes et les fonctions et prédispose à la phthisie. » (An. d'Hyg., t. XIX).

Voir notre traité sur : *La Gymnastique contre la phthisie pulmonaire*, chez Germer Baillière, Paris 1875.

près une longue interruption, M. Burq a repris quelques essais nouveaux à l'hôpital Lariboisière, dans les services de MM. Verneuil et Hérard qui ont bien voulu s'y prêter.

« Voici la relation, aussi abrégée que possible, des observations qui ont été recueillies avec les plus minutieux détails. Nous les publions sans commentaires. »

Dr Brochin.

Suivait dans cette revue et dans celle qui vint après, le 6 juin, l'exposition des nouveaux faits à l'avoir de la métallothérapie. En voici le sommaire.

1· *Nervosisme, Chlorose type. — Guérison par l'or.*

L'affection remontait à la première enfance. Elle était caractérisée, d'une part, par des troubles hypernerviques divers, par de violentes migraines surtout, et, de l'autre, par de l'anesthésie et de l'amyosthénie en proportion. Durant six années, C... avait été bourrée de fer sous toutes les formes, de vin de quinquina, d'huile de foie de morue, etc.

Reconnue sensible à l'or, nous prescrivons à C... le chlorure d'or à dose progressive, à partir de 0,01 cent., matin et soir.

Le traitement fut commencé le 3 novembre.

Le 5, la sensibilité commençait déjà à renaître et le lendemain (6) l'appétit se déclarait.

Le 7, ascension des forces musculaires à 32 k. à dr. et 27 à ga., appétit meilleur encore, coloration de la face et des muqueuses.

Le 10, sensibilité et motilité normales et, à partir de ce moment, plus de maux de nerfs d'aucune sorte, plus de leucorrhée.

Le 14, retour des règles.

Le 6 décembre (33e jour du traitement), nouvelle époque, en avance de 7 jours, qui dure deux jours et demi pleins.

Le 11, C... quittait le service de M. Verneuil transformée.

L'anesthésie et l'amyosthénie avaient, on le voit, dominé la scène et il n'avait été besoin que des aliments, *tout seuls*, pour fournir au sang le fer avec tous les autres éléments qui lui faisaient défaut.

2o *Paralysie hystérique.* — *Chlorose.* — *Leucorrhée persistante.* — *Guérison par le cuivre intus et extra.*

L... 32 ans. Paralysie qui avait porté surtout sur les membres inférieurs; la marche était devenue impossible depuis 8 mois. Les membres supérieurs étaient seulement frappés d'amyosthénie. De plus, anesthésie sensitivo-sensorielle généralysée, aménorrhée et leucorrhée à suivre la malade à la trace. Ce n'est qu'à l'âge de 19 ans que les règles de L... étaient apparues, à la suite d'une violente attaque de nerfs. Le fer et le vin de quinquina avaient été administrés en vain. Reconnue sensible au cuivre, L... est traitée d'abord par des pilules contenant chacune 0,02 centigr. de bioxyde de cuivre, puis, conjointement, par une armature de ce métal sur les jambes. Le traitement fut commencé le 16 novembre.

Le 19, sensibilité normale partout et force de pression 32 kil. à dr. et 28 kil. à g. Les jambes peuvent déjà être soulevées du lit et l'appétit se déclare.

Le 20 (après 7 pilules seulement), retour des règles, en avance de 5 jours : elles fluent abondamment.

Le 25, L... peut se lever. Diminution très notable de la leucorrhée ; disparition de douleurs vives dans les seins.

Le 30, la malade descend les deux étages du pavillon, aidée d'une compagne, pour se rendre au jardin.

Le 7 décembre, Exeat.

3o *Névralgie lumbo-abdominale.* — *Chlorose concomittante. Guérison par l'argent intus.*

A Paris depuis un an seulement, S... avait vu sa santé s'altérer profondément sous l'influence de la *malaria urbana* et des privations. Névralgie très violente, qui régnait dans tout l'hypochondre droit : elle avait été précédée de palpitations et de très forts maux de tête. Anesthésie et amyosthénie en proportion de la névralgie. Troubles menstruels et nutritifs qui avaient aussi résisté au fer et au quinquina, plus au zinc (pilules de Méglin).

S... est reconnue sensible à l'argent. En conséquence, on

lui administre ce métal en pilules, à l'état de chlorure (3 centigr. par pilule), à partir du 20 novembre.

Le 24, après 7 pilules seulement, amélioration de l'état général de la sensibilité, ascension de la force musculaire à droite de 12 à 20 kil.; beaucoup moins de dégoût pour les aliments substantiels, diminution notable de la névralgie.

Le 27, l'appétit s'accuse, S... commence à reprendre des couleurs.

Le 30, les règles arrivent naturellement après une très bonne nuit, en avance de 13 jours sur l'époque présumée, et durent deux jours pleins.

Le 14, état général satisfaisant. — Exeat.

4° *Hystérie ancienne.— Aménorrhée. — Contracture simulant un pied-bot varus. — Guérison par l'or.*

Nous reviendrons, quelques lignes plus loin, sur cette observation.

Puis trois cas communiqués par M. Dumontpallier, savoir :

5° Un cas de *vertige supposé d'origine goutteuse;*

6° Un cas de *dyspepsie,* avec *anémie consécutive, névralgie ilio-lombaire* et *dysménorrhée;*

7° Un cas de *névralgie temporale* acccompagnée de *désordres gastriques* et de *constipation opiniâtre;*

« Tous trois guéris, disait M. Brochin, ou heureusement modifiés par l'or administré à l'intérieur, suivant la méthode et d'après les indications formulées en 1852 par M. Burq. »

La quatrième observation ayant une importance exceptionnelle, l'honorable rédacteur en chef de la *Gazette des Hôpitaux* avait bien voulu se borner à la mentionner sommairement, *sur notre demande.* Nous avions tenu, en effet, à la réserver pour un rapport de l'Académie toujours espéré. Ce n'est que huit ans plus tard, en 1877, qu'elle fut publiée *in extenso* par la *Gazette médicale* avec cette épigraphe de la main de M. le professeur Verneuil :

« Le fait qui suit a été recueilli dans mon service, à l'hôpital Lariboisière, par M. le docteur Burq. J'en ai suivi les phases avec le plus vif intérêt, et, d'abord un peu sceptique, je me suis rendu à l'évidence. Le cas me paraît d'autant plus intéressant qu'il pourra servir plus tard à établir les rapports qui existent entre les affections chirurgicales et certains états névropathiques. »

VERNEUIL

Ajoutons que M. Dumontpallier, qui faisait alors un remplacement à l'hôpital Lariboisière, suivit la malade et que ce sont surtout les résultats obtenus chez elle — notre savant confrère avait été déjà témoin d'autres faits pendant son clinicat à l'Hôtel-Dieu, dans le service de Trousseau, et son passage á l'hôpital de l'Ourcine — qui achevèrent de le convaincre que la métallothérapie valait un peu mieux que ce qu'en ont dit particulièrement les auteurs du NOUVEAU NYSTEN dans toutes leurs éditions, sans en excepter celle qui est venue après les rapports faits à la Société de Biologie sur cette méthode.

Tous les détails de cette observation ont leur prix, mais nous n'en dirons ici que l'indispensable. Nous renverrons à la *Gazette Médicale* pour le reste, notamment pour l'histoire d'une certaine aiguille que la malade s'était enfoncée dans son sein droit, elle ne savait ni quand ni comment, tant son anesthésie était grande, et qu'elle ne consentit à se laisser extraire que dans le sommeil chloroformique, une fois que, par le traitement dont nous allons parler, elle eut recouvré la sensibilité.

Il s'agissait d'un pied-bot varus survenu chez une hystérique D.. , âgée de 18 ans. La contracture était si accusée et si persistante, malgré tout ce qu'on avait pu faire, malgré les réductions momentanées opérées dans le sommeil chloroformique, malgré les appareils divers qui lui avaient été opposés, que M. Verneuil en était venu un moment à songer à la ténotomie. En même temps que le spasme du pied, il existait vers la hanche du même côté une douleur continue des plus violentes qui aurait pu en imposer pour une coxalgie. Contracture et névralgie avaient été précédées d'attaques de nerfs et, depuis leur apparition, celles-ci, c'est à noter, avaient cessé.

D'autre part, D... était anesthésique à un rare degré. La paume des mains,la plante des pieds et toutes les muqueuses, *sans exception*, étaient elles-mêmes absolument insensibles, le goût et l'odorat étaient perdus ; et cela depuis bien longtemps, car la malade disait n'avoir jamais su différencier le sel du sucre autrement qu'avec ses yeux, ni pu flairer une odeur. La vue et l'ouïe étaient les seuls sens qui eussent été conservés, mais leur acuité ne fut point déterminée. Il existait, de plus, chez D..., une amyosthénie très prononcée.

Quels étaient donc encore dans ce cas les phénomènes prédominants ? Pour nous, il ne faisait point doute que la contracture et la névralgie, sa voisine, ne fussent, comme toujours, sous la dépendance des troubles en moins sensitifs et moteurs et nous n'hésitâmes point à déclarer :

« *Qu'elles ne disparaitraient tres vraisemblablement, l'une et l'autre, qu'après le retour intégral de la sensibilité et des forces musculaires.* »

Or, voici comment les choses se passèrent.

D... ayant été trouvée sensible à l'or, fut mise au traitement interne par le chlorurè d'oxyde d'or et de sodium en solution. La dose, qui n'était d'abord que de 0 gr. 01, fut portée successivement jusqu'à celle de 0 gr. 16 cent. par jour, en deux fois. Le premier bénéfice fut pour la sensibilité et pour la force musculaire. Un beau jour, au bout d'un mois seulement, la première s'accusa à l'avant-bras gauche, au niveau d'une petite plaie résultant de l'apposition expérimentale d'une cuvette contenant de l'eau presque bouillante. De là la sensibilité fit tache d'huile ; elle gagna successivement le tronc et les autres membres, s'étendit aux muqueuses et c'est lorsque, après quatre mois de traitément, il en eut été ainsi, lorsque le goût et l'odorat furent entièrement revenus et que les forces musculaires eurent été ramenées aussi à l'état normal par le remède, *et alors seulement*, que la névralgie d'abord, puis la contracture du pied se dissipèrent.

Cette observation eut un épilogue qui ajouta encore à la démonstration que nous venions de faire.

Sept mois se passent. D... toujours bien portante, toujours bien réglée, fait une chute où elle se heurte violemment à la hanche dont elle a déjà tant souffert. Survient d'abord une douleur très vive dans les muscles de la région contusionnée, puis une nouvelle contracture qui ramène D... à l'hôpital, dans le même service.

M. le professeur Verneuil, croyant encore être en présence d'un spasme hystérique, réadministre l'or; mais, cette fois, le remède *ne guérit plus.* Entre temps, le hasard nous ramène dans sa salle de femmes. Instruit de ce qui s'y passe, nous procédons à un examen sévère de la sensibilité et des force musculaires de D... et, les ayant retrouvées, l'une et l'autre, en aussi bon état que le 18 mars, jour de sa sortie, nous croyons pouvoir diagnostiquer en toute assurance une affection justiciable, cette fois, des seuls moyens chirurgicaux. En conséquence, M. Verneuil arrête l'administration de l'or, immobilise le membre dans la gouttière de Bonnet et cela suffit pour remettre D... sur pied.

Le cas de D... offre, en outre, un intérêt qui n'est pas moindre au point de vue de ce que nous avons appelé les *aptitudes métalliques dissimulées.* Cette question joue un rôle trop considérable dans la pratique de la métallothérapie, elle est d'ailleurs trop peu connue pour ne pas lui donner place dans cet historique.

Aptitudes métalliques dissimulées. — Moyen pour les faire ressortir.

Il n'est point rare du tout de rencontrer des sujets qui ne répondent que peu ou pas au métal qui est leur caractéristique, quittes à y répondre plus tard à souhait quand viennent à disparaître les conditions particulières d'où était née cette résistance. C'est ainsi que l'on voit tel malade, quoique parfaitement sensible au cuivre, par exemple, ne rien éprouver par l'application de ce métal ou ne présenter que des modifications soit de la sensibilité, soit de la motilité seulement, ou bien encore recouvrer la sensibilité au contact, seule, et continuer à rester absolument analgésique. Il en est même qui peuvent perdre tout à coup leur sensibilité métallique de tout un côté du corps et la conserver intacte dons le côté opposé.

Nous en avons rapporté un cas des plus remarquables, observé, il y a une vingtaine d'années, sur la fille d'un très éminent professeur de la Faculté pour laquelle la métallothérapie avait été appelée à intervenir.

Mme X..., hystérique à un haut degré, avait une sensibilité or peu commune, maintes fois constatée par son père comme par nous-même. Un matin, elle se réveilla avec une hémiplégie du côté droit. A partir de ce moment, l'or n'eut plus aucune action de ce côté tandis qu'à gauche il continua à agir comme par le passé.

Ces résistances relèvent de ce que nous avons appelé les *aptitudes métalliques dissimulées* ou latentes. Comme elles peuvent constituer parfois un obstacle sérieux à la pratique de la métallothérapie, nous nous en sommes préoccupé de bonne heure. C'est ainsi que, dès 1853, nous consacrions aux aptitudes métalliques dissimulées tout un chapitre spécial (voir notre premier traité sur la métallothérapie) dans lequel nous nous attachions déjà à indiquer divers moyens propres à les *mettre en évidence* ou à les démasquer. Depuis, nous y en avons ajouté d'autres. Nous les ferons connaître à leur place. Mais, ce que nous pouvons dire dès à présent, c'est qu'il existe un moyen à peu près certain de faire, quand il le faut, ressortir la sensibilité métallique. Ce moyen consiste à donner à l'intérieur, sous forme d'oxyde ou de sel, ou même de simple limaille très fine, s'il est facilement attaquable par le suc gastrique, le métal auquel le sujet a répondu antérieurement, peu ou prou, ou bien est soupçonné d'emblée d'être sensible. On peut être éclairé sur ce dernier point soit par des échecs antérieurs avec les préparations de fer ou de zinc, qui sont monnaie courante dans la médecine usuelle, soit par de certains commémoratifs, tels que des accès de somnambulisme spontané ou provoqué *par le magnétisme* qui ont pour corollaire obligé la sensibilité cuivre, nous l'avons déjà dit, mais nous en fournirons des preuves nombreuses dans la dernière partie de ce travail.

Or, la malade au pied-bot de M. Verneuil offrit une démonstration remarquable de ce que peut ce procédé pour réveiller la sensibilité métallique. Au début, l'idiosyncrasie or de D...

ne s'était jamais manifestée que par de la chaleur, par le saignement ou la rougeur des piqûres et par de l'augmentation dans la force musculaire des membres supérieurs. Jamais l'or n'avait pu influencer en aucune façon son anesthésie, quelle qu'eût été la durée ou bien l'étendue de son application. Une fois, nous avions été jusqu'à cuirasser littéralement la jambe malade de pièces d'or (nous en avions appliqué 75) et, après trois jours, l'anesthésie n'avait pas bougé plus que la contracture. Cependant, le traitement interne ayant été institué, au bout d'un mois l'or *extra* commença à ramener la sensibilité, mais au contact seulement, et, un peu plus tard, sous l'influence de cette sorte de *vis à tergo* incessante due à l'administration, matin et soir, du sel d'or à dose croissante, il y eut comme une dernière poussée vers la peau à la suite de laquelle les applications d'or ne laissèrent plus rien à désirer, la malade étant encore, bien entendu, toujours anesthésique à laisser croire qu'il ne s'était opéré chez elle aucun changement de ce côté.

Ainsi donc : nouvelle affirmation de l'efficacité de la métallothérapie interne, soit comme remède, soit comme moyen de réveiller les aptitudes métalliques dissimulées.

Action de l'or, de l'argent et du cuivre *intus*, dans des cas de chlorose où le fer et le zinc, administrés précédemment, n'avaient produit rien d'autre qu'une insurrection plus ou moins grande de l'organisme, et effets toujours les mêmes, quel que fût le métal employé, tout d'abord sur la sensibilité générale et spéciale, sur les forces musculaires, sur les troubles des vasomoteurs, sur la circulation capillaire et utérine, etc., puis, consécutivement, sur tous les désordres *hypernerviques* comme sur les troubles gastriques et leurs conséquences.

Nouvelle démonstration que l'anesthésie sensitivo-sensorielle et l'amyosthénie des muscles, pleins ou creux, tiennent tous les autres symptômes sous leur dépendance immédiate dans les affections du système nerveux où elles existent, aussi bien que dans la chlorose qui fait si souvent cortège à ces affections ; que dans l'hystérie, en particulier, les contractures n'échappent point plus que les attaques et les spasmes de toute sorte, que les névralgies et les troubles intellectuels, ajoutons-le pour être complet, à cette prédominance et, par conséquent, que les désordres *hypernerviques*, quelque forme qu'ils affectent et quel qu'en soit le siège, ne sauraient jamais disparaître sans une cessation préalable de tous les symptômes contraires ou *hyponerviques :* que tant qu'il en est autrement, c'est-à-dire tant que l'anesthésie et l'amyosthénie persistent, la disparition des attaques, par exemple, ne peut qu'en imposer, car bientot, si ce n'est sur l'heure même, d'autres troubles spasmodiques, névralgiques ou psychiques ne tardent point à s'y substituer.

Enfin, démonstration, encore une fois par induction, que, si l'hydrothérapie, sous toutes ses formes, et les exercices gymnastiques de toute nature rendent des services très réels en névropathie, cela tient à leurs propriétés essentiellement esthésiogènes et dynamogènes.

Voilà ce qui résulta des expériences que nous fîmes à l'hopital Lariboisière, au cours des années 1868 et 1869; voilà les choses qui passèrent encore inaperçues ; voilà les faits qui, après tant d'autres, après les observations confirmatives de MM. Bouchut, Bosias, Dufraigne, Tripier, etc., après les affirmations de Trousseau à la tribune l'Académie, tant en son nom qu'au nom de ses trois éminents collègues Rostan, Tardieu et Robert, furent impuissants à faire faire place à la métallothérapie et à valoir à son auteur une réparation quelconque pour les différents dénis de justice dont il avait été la victime. Pour n'en citer qu'un seul, disons, qu'au lendemain de cette effroyable épidémie de choléra qui régna à Toulon en 1865 et où nous avions vu tomber à nos côtés, presque dès son arrivée, l'infortuné docteur Tourette, parti lui aussi spontanément à ses frais et risques au secours de cette ville toujours si cruellement éprouvée par le fléau indien, notre nom ne fut même point mentionné à côté de ceux qui avaient mérité d'être signalés à la reconnaissance publique !...

La mesure était très loin cependant d'être comble et nous aurions à faire encore de bien tristes révélations, si la justice qui nous a été enfin rendue ne les avait un peu effacées de notre mémoire, et si le respect professionnel ne nous commandait de les taire.

Expériences a Vichy en 1871-72.

Association de la métallothérapie à la médication thermale pour augmenter et corriger les effets des eaux alcalines. Application du thermomètre à la métalloscopie.

Après la guerre, sous la Commune, notre santé subit un premier ébranlement assez grave pour nous obliger de quitter Paris.

Nous étions réfugié à Vichy lorsque certain diabétique, dont la *Gazette des Hôpitaux* du mois d'avril (le 31) 1880 a rapporté l'observation, chez lequel nous avions fait intervenir de la façon la plus heureuse la métallothérapie inconsciemment en lui ordonnant de quitter la source exclusivement alcaline de la Grande grille pour celle du puits Lardy qui est, en outre, très ferrugineuse, nous conduisit à nous occuper de ce que les métaux pourraient bien faire pour relever les forces soit des diabétiques, soit des buveurs plus ou moins atteints par la cachexie alcaline, cachexie que nous avions déjà observée plusieurs fois.

Nous étudiâmes donc leur action sur un certain nombre de diabétiques, une vingtaine dont trois confrères et quatre malades de l'hôpital militaire qui nous avaient été envoyés par son médecin en chef, M. le docteur Barudel. De cette étude il résulta pour nous cette conviction, que nous avons exposée depuis, une première fois à la tribune de l'Académie, le 25 novembre 1879, et une deuxième, le 11 février 1880, devant la Société de chirurgie, et développée récemment dans notre brochure — *La métallothérapie à Vichy contre le diabète et la cachexie alcaline* (chez Delahaye et Lecrosnier, Paris 1881) —, à savoir :

Que nombre de diabétiques sont tributaires de la métallothéraphie au même titre et pour les mêmes raisons que les simples névropathes.

Que les succès les plus réels contre le diabète curable s'observent à Vichy surtout chez les malades sensibles au fer ou à l'arsenic, parce qu'il y a plusieurs de ses sources qui en contiennent.

Que la cachexie alcaline est très réelle, quoi qu'on en ait dit, et que les médecins, qui exercent à Vichy en ont généralement si parfaite conscience qu'ils usent largement des pratiques hydrothérapiques et de tous les exercices qui peuvent améliorer l'état de la sensibilité comme des forces musculaires, et ne manquent jamais d'envoyer leurs malades boire à la source Lardy dans la dernière semaine de leur cure, ce qui a pour effet de diminuer le nombre de ceux « *qui y sont éprouvés par les eaux* » (Durand de Lunel), d'un chiffre égal à celui des sensibilités fer, c'est-à-dire de 25 à 30 0/0.

Que l'on peut singulièrement augmenter le nombre des bénéficiaires des eaux alcalines et, d'autre part, diminuer celui de leurs victimes en y ajoutant, à titre d'adjuvant ou de correctif, le métal qui leur manque pour répondre à toutes les indications fournies par les diverses sensibilités métalliques.

Enfin, qu'avant de diriger un malade vers une source ferrugineuse la première chose à faire c'est de s'assurer s'il est, oui ou non, sensible au fer, les inconvénients d'une fausse médication étant ici plus sérieux et moins faciles à réparer que lorsqu'on donne sur place une préparation martiale à un sujet qui ne saurait en tirer aucun avantage.

C'est aussi à Vichy que nous appliquâmes, pour la première fois, le thermomètre à la recherche des sensibilités métalliques et que nous recueillîmes les premiers éléments d'un mportant mémoire sur la THERMO-MÉTALLOSCOPIE où nous disions :

« L'esthésiométrie et la dynamométrie, aidées des sensations subjectives de chaud et de formication, de la coloration des piqûres sous le métal et à son voisinage, firent pendant plus de vingt années tous les frais de la métalloscopie. Ce n'était point assez, il paraît. Pour forcer les convictions, pour faire taire les résistances de toute sorte et provenance, il fallait, nous devons le croire, aux uns un procédé plus simple, plus sûr encore et plus à leur portée, et aux autres une démonstration plus péremptoire que les plus-values esthésiométriques ou dynamométriques, proclamées à la tribune de l'Académie par le professeur Trousseau, quelque chose de moins contestable encore que des piqûres devenues rouges ou même sanglantes de blanches qu'elles étaient auparavant, sans parler de tous les faits qui ont été insérés dans les annales de la science par des hommes aussi honorables que désintéressés dans la question.

« Il nous fallait aussi à nous même, discns-le, un moyen plus sûr èt qui eût une sensibilité plus grande que le dynamométre et l'esthésiométre, très souvent muets dans le cas d'aptitudes métalliques dissimulées... Eh bien ! ce moyen, ce procédé, cette démonstration presque brutale des actions métalliques la voici... »

Suivait une description du nouveau procédé métalloscopique.

Notre travail sur la thermo-métalloscopie fut encore adressé à l'Académie, avec instruments à l'appui.

C'était notre dernière espérance. Mais, hélas ! le nouveau mémoire, que nous avions écrit d'une main déjà défaillante, devait avoir le sort de tous ses nombreux aînés et, nous en avions à peine tracé les dernières lignes, que déjà se faisait la nuit dont nous avons parlé.

A partir de ce moment, notre vie ne fut plus qu'une longue lutte contre une fin que tout semblait présager, lutte sans trêve ni merci. Comment, au bout de cinq années de souffrances physiques et morales inénarrables, nous fut-il donné de triompher enfin d'un mal qui semblait devenu irrémédiable ? Comment nous fut-il possible de reparaître et de venir prouver à ceux qui nous avaient déjà oublié que la métallothérapie vivait encore ? Par quel miracle sommes-nous encore là veillant de notre mieux sur l'œuvre à laquelle nous avons voué notre vie ?...

Parce que nous avions foi en cette œuvre, parce que les choses que nous avions affirmées nous les avions *toutes vues, et bien vues*, et que sur d'autres points nous avions encore à parler ; parce que, surtout, nous avions à prendre notre revanche de près de trente années de dédains et de résistances sous toutes les formes et que tout cela c'était bien assez pour nous donner la plus énergique volonté de vivre et, partant, tout le courage voulu pour nous soumettre aux traitements les plus féroces.

Mais éloignons notre pensée d'un passé si douloureux. Détournons aussi les yeux de ceux qui cherchent maintenant à éteindre le flambeau allumé, les uns par un silence calculé, les autres par des dénégations ou par des atténuations injustifiables, et ceux-ci par l'opposition d'autres agents esthénogènes aux métaux, comme si la métallothérapie avait eu jamais l'outrecuidance de faire table rase de tout ce qui existait avant elle ou que l'avenir lui réservait en concurrence, et montrons comment le Burquisme est entré définitivement dans le domaine de la science et pourquoi il n'est plus aujourd'hui au pouvoir de personne de l'en déloger.

V

TROISIÈME PÉRIODE (de 1876 à aujourd'hui)

Nouvelle campagne de la Métallothérapie à la Salpêtrière.

OPINIONS ET EXPÉRIENCES PERSONNELLES

De M. le Professeur Charcot

RAPPORTS DE M. DUMONTPALLIER SUR LA MÉLALLOSCOPIE ET LA MÉTALLOTHÉRAPIE

Examen critique de ces Rapports.

Vers le milieu du mois de juillet 1876, une sorte de revenant, courbé sous le faix de la vie, franchissait le seuil de la Salpêtrière, un bâton noueux dans une main pour soutenir sa marche chancelante et appendue dans l'autre une gourde pleine d'une provision d'eau pour rafraîchir des compresses au front qui, depuis quatre années, y étaient, nuit et jour, en permanence et que dissimulait en ce moment un chapeau à larges bords. Comme il s'avançait à pas lents dans les vastes cours de ce pandemonium de toutes les infirmités, comme il cherchait des yeux le vieux pavillon Sainte-Laure qui avait été le théâtre de ses exploits d'autrefois et démoli depuis, il l'ignorait, pour faire place à une pelouse verdoyante, il lui arriva tout à coup de se trouver face à face avec une vieille connaissance, la fameuse Leroux, fameuse par les nombreuses descriptions et les leçons *ex-professo* dont elle a fourni le sujet. Il arrêta la demi-folle qui, à sa vue, avait paru fouiller dans ses souvenirs, s'en fit reconnaître, lui demanda son chemin et c'est là le cicérone qui nous dirigea vers M. le professeur Charcot que nous cherchions.

Quel était donc le but qui nous faisait aller, en un pareil moment, à la rencontre du maître dont le nom est lié désormais à celui de la Salpêtrière? Qu'avions-nous à lui demander? L'autorisation de faire dans son service, sur des malades de son choix, une tentative *suprême*, suprême pour tant de raisons, à l'effet soit de nous dessiller les yeux, si jusqu'alors nous n'avions été que dupe ou visionnaire, soit de nous donner raison contre tous et contre lui-même très vraisemblablement.

Notre demande était apostillée par trop de raisons valables pour qu'elle pût être déclinée. Elle fut donc agréée et deux jours après nous étions déjà occupé à reconnaître le terrain.

Lorsque nous l'eûmes suffisamment préparé, malgré de certaines difficultés, aggravées tout d'abord par des menées dont le récit édifiant trouvera ailleurs sa place, lorsque nous le sentîmes assez solide pour y faire une démonstration décisive, nous allâmes, cette fois, demander des juges à une Société savante qui avait prouvé maintes fois et qui prouve tous les jours de reste que les intérêts de la science sur n'importe quelles questions sont toujours les siens et qu'elle sait! trouver, elle, le temps de les défendre, nous avons nommé la Société de Biologie. Notre requête fût encore libéralement accueillie de ce côté. Il s'ensuivit la nomination d'une Commission et furent désignés, pour en faire partie, MM. Charcot, président, Luys et Dumontpallier, rapporteur. Cette commission, ne devait point être seulement de pure forme, une sorte d'eau bénite de Cour comme celle dont nous avions été tant de fois aspergé. A peine était-elle nommée, qu'elle entrait en fonction.

Ce qu'il advint de notre tentative *in extremis*, qui avait tant de chances contre elle qu'elle pouvait passer pour une insigne témérité, est trop conuu aujourd'hui, trop bien consigné dans les bulletins de la Société pour que nous ayons besoin de faire autre chose ici que d'en rappeler les traits principaux.

Donnons d'abord la parole à M. Charcot à qui revient l'honneur d'avoir, le premier, entretenu la Société des faits qui ont si souvent occupé ses séances.

Séance du 13 janvier 1877.

M. Charcot. « Je désire faire à la Société une simple communication sur des recherches dont elle sera saisie ultérieurement plus en détails. Il s'agit des recherches de M. Burq sur la cure de certains phénomènes hystériques, notamment l'anesthésie et la contracture par ce qu'il a appelé la métallothérapie....

« Jusqu'ici j'avais été entraîné à croire que la métallothérapie ne reposait point sur une base bien solide. J'étais incrédule. Un jour cependant ma conviction s'est faite et voici comment. Me trouvant près d'une hystérique de mon service (Bucquet), je voulus montrer à mes élèves l'étendue des zones anesthésiques. Je la piquai fortement et, au lieu d'une anesthésie complète, comme j'étais habitué à l'observer (depuis onze années), je trouvai une sensibilité très manifeste; la malade criait et elle me dit : mais ce n'est plus comme les autres fois, M. Burq est passé ce matin.

« Je me fis donner quelques explications. M. Burq, avant ma visite, avait appliqué à cette malade des plaques métalliques.

« Le point fondamental des expériences de M. Burq est donc exact. »

Ainsi donc c'est aussi par un cri de douleur, écho, pour ainsi dire, de celui qui avait été poussé par Sylvain à la Salpêtrière, vingt-cinq années auparavant, dans de semblables circonstances, que M. Charcot trouva, à son tour, le chemin qui le fit venir à la métallothérapie comme nous étions allé nous-même vers le polymétallisme.

Séance du 20 janvier 1877.

M. Charcot. « Les phénomènes que M. Burq a décrits avec une si grande sagacité sont multiples. Je puis citer deux cas d'hémi-chorée, avec hémi-anesthésie, qui relèvent de lésions anciennes. Ce sont des malades connues et éprouvées; l'anesthésie était permanente et n'a jamais varié. L'application des métaux a réussi absolument comme dans les cas d'hystérie... Une autre hémi-anesthésique depuis trente ans a été examinée récemment à ce point de vue. J'ai pu constater que la sensibilité n'est revenue qu'au bout de trois heures. Dans les cas ordinaires, c'est au bout de trois quarts d'heure, une heure, que la sensibilité revient. »

Il est de toute justice de faire remarquer que les faits dont parle ici M. le professeur Charcot lui sont propres, et que jusqu'alors la métallothérapie n'avait jamais osé s'adresser à des troubles organiques.

Séance du 26 octobre 1877.

M. Charcot. « L'année passée, à la même époque, j'entretenais, pour la première fois, la Société des faits de métalloscopie dont j'avais été témoin dans mon service. Depuis, les études se sont multipliées sur cette question et il est inutile de rappeler ici les résultats vraiment inattendus anxquels on est arrivé.

« J'ai confié au docteur Burq quatre hystériques de mon service, quatre hystériqnes de premier ordre. Trois étaient sensibles à l'or, une au cuivre. Elles ont été soignées suivant la méthode du docteur Burq ; les malades sensibles à l'or furent traitées par le chlorure d'or et de sodium, et la malade sensible au cuivre par le sulfate de cuivre et l'eau de St-Christau. A mon retour des vacances, j'ai trouvé ces malades complètement guéries de leur anesthésie. Une avait présenté une rechute dont l'importance, dans l'espèce, est facile à comprendre. Une autre malade, appartenant à cette catégorie de malades que M. Briquet appelle hystéro-épileptiques à crises séparées, a guéri des crises hystériques, tout en continuant à présenter les accès épileptiques. »

Deux mois après, le 31 décembre 1877, M. Charcot montrait à son nombreux auditoire de la Salpêtrière les malades dont il avait parlé dans la séance du 26 octobre. Après avoir dit magistralement ce qu'était la métalloscopie, après avoir expérimenté les métaux sur plusieurs d'entre elles, ainsi que sur une jeune mercière du dehors, Mlle M..., qui lui avait été adressée par M. le docteur Fieuzal pour une achromatopsie hystérique, l'éminent professeur témoignait encore ainsi qu'il suit en faveur de la métallothérapie proprement dite :

« En reprenant mon service, au mois d'octobre, je dois déclarer que j'ai été certainement quelque peu ému de voir que chez ces quatre malades que j'avais choisies moi-même parmi les cas les plus accentués et que j'avais offertes à la métallothérapie comme pouvant lui fournir l'occasion d'une épreuve décisive, la situation s'était très remarquablement amendée, pour ne pas dire plus.» (Voir dans *Gazette des Hopitaux de mars 1878 : Leçon sur la métalloscopie et sur la métallothérapie par M. Charcot*).

Nous pourrions emprunter d'autres citations aux bulletins de la Société, mais celles-là nous paraissent suffire pour établir les droits personnels de M. Charcot à la vulgarisation de la métallothérapie, aussi bien que de la métalloscopie, en dehors des rapports dont nous allons parler.

Rapports de M. Dumontpallier sur la métalloscopie et sur la métallothérapie.

La commission, nommée par la Société de Biologie pour suivre les expériences de la Salpétrière, commença ses travaux au mois de novembre 1876. Au mois d'avril 1877 , le 14, son honorable Secrétaire rapporteur lisait à la Société un premier rapport, consacré exclusivement à la métalloscopie qui concluait en ces termes :

« Le travail de la commission a été divisé en deux parties. Dans une première nous avons constaté l'existence de tous les faits métalloscopiques découverts depuis longtemps par M. le docteur Burq. Dans la seconde partie nous avons étudié l'interprétation de ces faits.

« Il est parfaitement exact, en effet, que l'application de certains métaux sur la peau détermine chez des malades anesthésiques, hystériques, et quelques fois organiques, des modifications importantes dont les principales sont le retour de la sensibilité générale et spéciale.

« Il est parfaitement exact que toutes les malades ne sont point sensibles au même métal, et que l'or, le fer et le cuivre donnent des résultats positifs ou négatifs, suivant les sujets soumis aux expériences.

« Les phénomènes observés après l'application des métaux se produisent dans l'ordre établi par le docteur Burq, c'est-à-dire que les malades accusent, au niveau de l'application des métaux et dans une zone plus ou moins étendue, des fourmillements, une sensation de chaleur; puis, l'observateur constate bientôt, dans les mêmes régions, une rougeur, le retour de la sensibilité, l'ascension de la température, mesurée par la thermomètre, et, enfin le retour de la force musculaire, mesurée par le dynamomètre.

«Votre commission, Messieurs, ne saurait affirmer trop haut t'existence de tous ces faits, découverts il y a déjà plus de vingt-cinq ans. Cette affirmation est un hommage rendu au doceur Burq, qui, malgré des critiques souv ent sévères, n'a jamais perdu courage et puisait dans une foi solidement établie par l'expérimentation l'espérance que justice lui serait enfin rendue.

« De plus, nous devons ici témoigner notre reconnaissance au docteur Burq, car c'est, après avoir constaté l'exactitude des faits énoncés par notre confrère, que, cherchant, toujours par la méthode expérimentale, à interpréter les phénomènes observés, nous avons été conduits : 1° à reconnaître l'action des courants électriques de faible intensité sur le retour de la sensibilité; 2° à découvrir le fait si inattendu du transfert de la sensibilité d'un côté du corps à l'autre côté, sous l'influence de l'application des métaux ou des courants électriques continus.

« Votre commission, Messieurs, a la satisfaction d'avoir accompli un acte de justice envers M. le docteur Burq. Mais elle manquerait à tout sentiment ds gratitude si, en terminant ce rapport, elle ne vous demandait de prendre votre part dans les remerciments que nous devons aux docteurs Gellé et Landolt et à M. P. Régnard, qui, en nous prêtant le concours éclairé de leurs études spéciales, nous ont permis de suivre avec plus de sûreté et plus d'autorité la voie expérimentale dans laquelle nous nous étions engagés.

« En conséquence, nous vous proposons de déposer le mémoire de M. Burq dans vos archives et de l'inscrire sur la liste des travaux admis au concours du prix Ernest Godard. »

Ces conclusions et l'insertion du rapport *in extenso* dans les bulletins de la Société furent votées à l'unanimité.

Restait la question de la métallothérapie proprement dite qui avait été réservée. La Commission se remit à l'œuvre au mois de juin 1877, tint de nombreuses séances et 14 mois après, le 10 août 1878, M. Dumontpallier vint lire à la Société un deuxième rapport plus complet encore, s'il se peut.

Après avoir exposé les faits en détail, après les avoir ensuite résumés et analysés, après avoir établi avec quelle rapidité de faibles doses du métal indiqué par l'examen métalloscopique avaient suffi, le régime restant le même, pour produire les effets les plus inattendus, modifier favorablement jusqu'au caractère même des malades et légitimer implicitement nos doctrines par la fin de cette première conclusion :

« De la première partie de ce rapport il ressort que chez des malades dont l'aptitude métallique avait été reconnue par des expériences antérieures on a obtenu, pendant la période d'administration à l'intérieur des mêmes métaux, une amélioration dans l'état général de leur santé, *amélioration établie d'abord par le retour de la sensibilité générale et spéciale, par le retour de la force musculaire et de la menstruation régulière.* »

Après avoir parlé, dans une vue d'ensemble, « de l'importance de la loi que nous avions posée », d'après laquelle on peut conclure de l'action externe d'un métal à son action interne, et des « conséquences si grandes de cette loi en thérapeutique générale », après avoir déclaré « que la Commission avait été grandement impressionnée par les faits thérapeutiques observés dans le service de M. le professeur Charcot, sous son contrôle de chaque jour, sur des malades qui étaient hystériques depuis plusieurs années, que l'on considérait à la Salpêtrière comme des types de la diathèse hystérique et hystéro-épileptique et qui étaient des exemples vivants des meilleures descriptions de cette classe des maladies nerveuses ; »

Après avoir dit, dans de justes réserves : « Est-ce à dire que le traitement, d'une durée d'un mois à trois mois, ait guéri la diathèse hysthérique ? Non, et sur ce point l'inventeur de la métallothérapie l'a souvent répété dans ses publications,à une maladie chronique, comme l'hystérie, il faut opposer un traitement chronique, mais, ce qu'il est important de retenir,c'est que le traitement interne, indiqué par les expériences métalloscopiques, a paru modifier pendant toute sa durée les manifestations diathésiques et a acheminé les malades vers l'état de santé ; » la Commission concluait en ces termes :

« Nous voici, messieurs, arrivés au terme de notre travail. De nouvelles expériences, vous le voyez, sont venues confirmer, une fois encore, les résultats métalloscopiques exposés dans notre premier rapport.

« De plus, les malades soumises au traitement interne dont la base métallique avait été indiquée par la métalloscopie *ont paru retirer un notable avantage de ce traitement*, et cela,messieurs, dans des conditions telles que votre Commission croit pouvoir encourager les recherches qui auront pour but la métallothérapie ainsi qu'elle a été formulée par M. le Dr Burq.

« Dans la période de guérison apparente des malades, traitées par des métaux à l'intérieur, il nous a été permis d'étudier avec détails l'anesthésie de retour, déterminée par l'application du métal qui, donné à l'intérieur, avait rendu aux malades la sensibilité et la force musculaire..... Le hasard et l'induction nous ont permis de reconnaître et d'étudier les conditions de la fixation des phénomènes métalloscopiques et certaines conditions d'arrêt ou de non-production de ces mêmes phénomènes.

« Enfin,les expériences métalloscopiques et métallothérapiques exposées par M. le professeur Charcot devant la Société de Biologie, dans diverses communications sur l'achromatopsie hystérique, ont été une démonstration des faits antérieurement avancés par M. le docteur Burq.

« En conséquence, votre Commission, s'appuyant sur les faits qu'elle a constatés, et sans se départir de la prudente réserve qu'elle s'est imposée, croit qu'il y a lieu d'encourager de nouvelles recherches métallothérapiques et vous propose, crmme elle l'a déjà fait dans sou premier rapport, d'inscrire les diverses communications de M. le docteur Burq sur la liste des mémoires admis au concours du prix Ernest Godard. »

Les conclusions du deuxième rapport et son insertion dans le bulletin de la Société furent encore votées à l'unanimité.

Ajoutons, pour ne point avoir à y revenir, qu'à quelque temps de là, M. Dumontpallier faisait à ses élèves deux magistrales leçons sur le même sujet que l'on trouvera dans l'*Union médicale*; que, depuis, il n'a cessé de recourir à la métallothérapie, en ville comme à l'hôpital, toutes les fois que l'occasion s'en est présentée et qu'elle a continué à lui donner des succès tels que ses plus honorables collègues des hôpitaux, MM. les professeurs Trélat, Laboulbène et Gosselin, entre autres, ont plusieurs fois dirigé vers ses salles de la Pitié des malades pour y être traitées par les métaux.

Examen critique des rapports.

L'œuvre, dont nous avons dû nous borner à ne donner que des extraits, ne pouvait point ne pas produire une certaine émotion dans le monde savant, tant à cause de sa forme que du fond. Des expériences, faites un peu partout pour contrôler celles de la Salpêtrière, la publication de nombreux travaux qui ont suivi, des thèses soutenues à la Faculté de Paris et ailleurs, des revendications, consécration obligée de toute découverte nouvelle, etc., témoignent que cette émotion fût, en effet, très réelle. Les rapports de la Commission devant rester, à juste titre, comme les *Tables de la Métallothérapie*, il importait que fussent rectifiés ou remis en mémoire les points qui en avaient plus particulièrement besoin, et bien mis en lumière ceux qui étaient un peu trop restés dans l'ombre, les uns parce que la Commission, n'ayant reçu la mission que de constater les faits majeurs, ne pouvait y insister plus que de raison, les autres parce qu'ils sont difficiles à comprendre dans leur ordre de succession, faute d'une image propre à en frapper les yeux.

D'autre part, différentes interprétations des phénomènes métalloscopiques s'étant produites et l'une d'elles, l'interprétation électrique, qui, suivant nous, n'est qu'un trompe l'œil, ayant été favorablement accueillie par la Commission, il importait aussi de les soumettre à un examen critique. Nous avons donc fait le nécessaire et il en est résulté tout un long chapitre qui ne saurait trouver ici sa place, celle dont la libéralité de la Société veut bien nous permettre de disposer encore devant continuer à être occupée par des faits et non par une discussion. Néanmoins, nous ne pouvions nous dispenser de donner, déjà, dans le Bulletin un résumé des parties principales de notre travail, ne fût-ce qu'à titre de réserves.

Rectifications. — Le rapport sur la métallothérapie dit :

1° « Le hasard nous avait appris que des plaques composées de deux métaux superposés ne donnent pas toujours des résultats comparables aux résultats obtenus avec les plaques formées d'un seul métal.....

2° « M. Vigouroux, sans connaître les observations de M. Burq, fut amené à rechercher les modifications que l'on pourrait produire dans les phénomènes métalloscopiques en recouvrant la face du métal qui n'est pas en contact avec la peau avec une substance, soit isolante (de la cire à cacheter, par exemple) soit conductrice.....;

3° « En interrogeant l'action locale des métaux, nous avions constaté que chez des malades, en apparence guéries, l'application externe des métaux pouvait déterminer l'anesthésie et l'amyosthénie de retour..... Cette anesthésie et cette amyosthénie de retour, obtenues à volonté, est un fait expérimental dont la constatation appartient à votre commission. »

Premièrement.— Depuis très longtemps nous avions observé que la superposition d'une plaque de zinc sur une plaque de cuivre annulait l'action de ce métal. En 1876, M. le professeur Charcot nous ayant fait l'honneur de nous donner la parole dans l'une de ses conférences, nous montrâmes à son auditoire une plaque de ce genre qui était en notre possession depuis plus de vingt années.

Il y a mieux, tout au début de nos expériences de 1876, lorsque nous eûmes reconnu que nombre de malades répondaient à l'or, nous nous en allâmes chez un fabricant *ad hoc* chercher des plaques de doublé (*or sur cuivre*), dans l'espérance que l'or, adhérant ici intimement au cuivre, ce dernier n'empêcherait point son action, et que nous pourrions ainsi faire des applications externes d'or à peu de frais. Mais, quelle que fut l'épaisseur du métal précieux ou le titre du doublé — nous avions pris des échantillons à 5 0[0 d'or — le résultat fut toujours négativement le même. Nous ne fûmes point plus heureux avec des plaques de cuivre dorées à la pile.

Secondement.—Nous avions également remarqué, *le premier* :

Que l'action d'un métal actif était annulée par un enduit résineux, appliqué comme le dit la Commission. Nous nous sommes plu souvent à montrer des *sols* de la première République (en métal de cloches), dont nous avons encore quelques-uns, qui avaient cessé d'agir le jour où, il y a maintenant trente années de cela, nous avions eu la malencontreuse idée de les fixer avec de la gomme laque sur une toile taillée en la forme de nos bracelets d'armature.

Tous ces faits, M. le Dr Vigouroux les connaissait très pertinemment lorsqu'il fit, dans la même voie, les expériences dont parle la Commission, par cette bonne raison que, durant une année et demie, il resta attaché à la fortune de la Métallothérapie et que nous ne lui en avions laissé rien ignorer.

Troisièmement. — L'anesthésie et l'amyosthénie post-métalliques ne pouvaient nous échapper, parce qu'elles se produisent *fatalement* toutes les deux, au moins dans l'hystérie.

Dès 1851, nous en parlions dans notre thèse inaugurale (V. p. 30); nous en avions même fait le critérium de la métalloscopie chez les sujets qui n'avaient, eux, rien perdu ni de leur sensibilité, ni de leurs forces musculaires. On les trouve indiquées presque à chaque page de notre brochure sur le traitement du diabète par la métallothérapie.

Nous connaissions aussi parfaitement ce singulier phénomène, la *dysesthésie*, où, ainsi qu'il est dit dans les Rapports, « la glace brûle comme un charbon et l'eau semble froide », qui marque comme une ligne d'intersection entre le passage de l'analgésie à l'anesthésie et, inversement, de l'anesthésie à l'analgésie, lors de la production des phénomémes post-métalliques, d'abord, et de retour, ensuite. Nous l'avions montré plusieurs fois à M. Charcot, avant que la Commission ne se réunît. Seulement nous avions appelé les phénomènes post-métalliques *de retour* et la dysesthésie *interversion dans les sensations thermiques*. Cette expression *retour*, que l'on retrouve souvent dans les deux Rapports, était mauvaise parce qu'elle faisait confusion, l'anesthésie et l'amyosthénie qui reviennent après l'enlèvement du métal ayant été dites aussi de *retour*, et la deuxième locution était trop longue. M. Charcot, qui en avait été frappé, eut tout d'abord la bonne inspiration de substituer à cette dernière l'expression heureuse de *dysesthésie*, de réserver le mot *retour* pour les phénomènes consécutifs à l'enlèvement du métal et d'appliquer à ceux qui se produisent durant son application celui de *métallique* ou *post-métallique*; mais le premier, suivant nous, vaut mieux parce que l'addition de *post* peut encore créer une confusion.

Ce que nous ignorions, dans les phénomènes de cet ordre, c'est le *transfert*. Nous avions bien été troublé maintes fois par des cotes esthésiométriques et dynamométriques toutes différentes, après l'apposition du métal actif, du côté qui n'avait rien reçu, mais nous n'avions pas su le voir, et cela par cette raison, dont on doit aussi la connaissance à la Commission, que nous appliquions le plus souvent un métal différent des deux côtés du corps à la fois et, qu'en agissant ainsi, nous fermions la porte à ce phénomène.

Compléments.— Les Rapports renferment plusieurs lacunes.

4o. Ils se taisent sur les tentatives que nous avions faites autrefois pour mesurer l'action électrique des métaux.

5o Ils glissent sur les effets produits par les applications sur les centres nerveux, se bornant à noter quelques effets psychiques pour Angèle et Bar, et à dire, en parlant du résultat final, « on constate un changement dans le caractère ».

6o Ils sont muets sur les doctrines qui tiennent une si grande place dans la métallothérapie.

Quatrièmement. — Presque au lendemain du jour où Dubois-Raymond fit à Paris ses expériences galvanométriques, nous eûmes recours à l'obligeance si connue de notre grand constructeur d'instruments de physique, feu M. Rhumkhorff, pour tâcher d'arriver à faire une vérité scientifique de ces paroles que nous venions d'écrire dans notre mémoire de 1852 sur la chlorose : « Il existe dans les métaux une propriété particulière qui, soit par l'électricité ou le magnétisme (minéral) dont elle ne serait qu'une modification, soit par toute autre cause qui nous échappe, les rend propres, etc. »

Nous avions espéré même trouver dans le courant produit par des contractions exercées sur les poignées de l'instrument, que nous fîmes faire en des métaux divers et auxquelles nous allâmes jusqu'à adapter un dynamomètre afin de pouvoir mesurer, au même moment, l'effort musculaire, un procédé rapide de métalloscopie.

On trouvera la preuve de ce que nous disons dans notre premier traité sur la métallothérapie, p. 33. Mais, soit que le nombre de tours de fil du galvanomètre mis à notre disposition par Rhumkhorff fût insuffisant — il n'en avait guère que deux ou trois mille —, soit que nous nous y fussions mal pris, nous ne pûmes arriver à rien de bon et M. le professeur Gavarret, que nous avions été consulter sur notre entreprise, acheva de nous en décourager par ces propres paroles : « Qu'en pareille matière le difficile n'était point d'avoir des courants, mais bien de n'en pas trop avoir. »

Cinquièmement. — L'initiative prise par M. Charcot de traiter par la métallothérapie externe des cas de paralysie organique qui remontaient à dix et vingt années, initiative heureuse, la Commission l'a elle-même constaté, a démontré que contre les troubles organiques les métaux avaient une puissance d'action plus grande encore que celle que nous leur avions attribuée. Mais cette action ne s'exerce point que du côté des troubles de la sensibilité ou de la motilité. Nous avons cité des cas de vésanies, liées à la diathèse hystérique, qui ont été aussi très heureusement modifiées par la métallothérapie, soit externe, soit interne.

Il n'y a pas longtemps que M. le docteur Moricourt, ancien interne de M. Lasègue, publiait dans la *Gazette des Hôpitaux* (V. le n° du 6 août 1881) une observation de *vertige mental* chez un *bimétallique*, que nous avions traité ensemble, qui fut guéri par l'or à l'intérieur et par des applications d'argent.

Tout dernièrement encore une hystérique, qui avait une crise cérébrale qui la tenait depuis trois jours dans un délire absolu, sensible à l'argent, a été débarrassée en moins de dix minutes par des applications de ce métal, faites sur tout le corps avec des pièces de monnaie fixées sur des rubans.

Eh bien, chez les malades de la Salpêtrière l'action des métaux sur les troubles psychiques fut aussi des plus manifestes. Avant le traitement elles étaient fantasques, d'humeur extrêmement difficile et ne recevaient nos soins qu'en rechignant; elles commettaient toutes sortes d'actes touchant à l'insanité, montaient sur les toits, passaient par-dessus les murs, s'évadaient pour aller courir à l'aventure etc.,et, lorsque la métallothérapie eut été appliquée, cette sorte d'anesthésie morale s'en alla comme l'anesthésie physique ; les malades devinrent dociles, affectueuses, reconnaissantes de ce qu'on s'efforçait de faire pour elles, etc., et celles qui n'en avaient plus guère reprirent de la pudeur.

Sixièmement. — Les rapports se taisent sur les doctrines de la métallothérapie, de sorte que, n'était la conclusion où il est dit : L'amélioration des malades a été établie d'abord par le retour de la sensibilité générale et spéciale, par le retour de la force musculaire et de la menstruation régulière », on pourrait croire que la Commission n'a tenu aucun compte de cette doctrine de l'anesthésie et de l'amyosthénie qui faisait le principal sujet de notre thèse inaugurale, qui, depuis, nous servit toujours comme de guide-âne et que nous ne trouvâmes jamais en défaut. Heureusement que le bien fondé des idées que nous professons sur ce point depuis l'origine,a été reconnu implicitement par la phrase capitale que nous venons de rappeler et par l'ordre de succession des faits observés par la commission. Dans toutes les observations, en effet, invariablement, c'est sur la sensibilité et les forces musculaires que le métal a commencé par agir. Aussitôt l'anesthésie et l'amyosthénie modifiées, les malades ont pris de l'appétit et l'ovarie, les névralgies, les hyperesthésies, les attaques, etc., se sont mises à diminuer pour disparaître ensuite, une fois la sensibilité et la motilité revenues à l'état normal.

Un jour, en pleine amélioration, on suspend chez Bar le traitement et, avant que l'ovarie et les attaques eussent reparu, elle était de rechef anesthésique et amyosthénique.

Réfutation des interprétations. — Les Rapports font justice de cette interprétation d'origine anglaise, dont M. le docteur Oscar Jenning's s'est fait tout particulièrement l'écho, devant la Faculté de Paris (thèse sur la métallothérapie 1878), à savoir : que les phénomènes métalloscopiques relèvent de ce que les docteurs Carpenter et Bennett (de Londres) ont appelé *the expectant attention*, mais les Commissaires paraissent incliner à admettre les interprétations électriques émises par M. le docteur Régnard et corroborées, à sa suite, par notre ancien partner, M. le docteur Vigouroux.

Il est très vrai que les métaux, en application sur la peau, dégagent de l'électricité, tout aussi bien qu'une goutte d'eau qui s'évapore à la surface du sol.

Il est très vrai que l'habile préparatenr de M. le professeur Paul Bert, en se servant d'uu galvanomètre dix fois plus puissant que celui que nous avions employé nous-même jadis, sans viser aussi loin, est arrivé à mesurer cette électricité.

Il est aussi parfaitement exact qu'un courant de même force que celui que dégage le métal détermine, le plus souvent, les mêmes phénomènes métalliques et de retour, nous disons le plus souvent, car, d'après les rapports mêmes, il paraîtrait que sur une malade, l'expérience ne fut point concluante. Il est dit en effet : « Bar. Force du courant du cuivre de 8 à 10° Des courants d'une même force sont sans action appréciable. Mais on fait passer un courant de 34° et la sensibilité revient. »

Mais les aimants forts ou faibles, les solénoïdes de n'importe quel nombre de tours de fil, deux électrodes plus ou moins polarisés ou même un seul, des courants continus ou faradiques à toute volée, des décharges d'électricité statique fortes ou faibles ramènent la sensibilité, comme peuvent le faire les agents thermiques de toute sorte et les excitants divers, les vésicatoires surtout, dont nous notions l'action esthésiogène avant personne d'autre dans notre thèse (V. p. 24).

De plus, on peut, en mouillant le métal, augmenter ses effets électriques de manière à avoir un courant de 15 au lieu de 10 et cependant ne pas arrêter son action, tandis que voilà qu'un courant égal de 15 ne peut plus rien, donnant tort ainsi à cet adage : qui peut le plus peut le moins.

Est-ce que dans tout cela la théorie des points neutres, tout ingénieuse qu'elle soit, n'est point en défaut ?

Si l'électricité était véritablement la cause des phénomènes métalloscopiques, pourquoi l'action d'un métal actif est-elle annulée dès qu'on enduit de cire à cacheter sa surface restée libre, ou qu'on la recouvre d'un métal neutre, et pourquoi cesse-t-elle aussi alors même que, par le laminage ou par dépôt galvanique, on a uni intimement les deux métaux ensemble ? Pourquoi, objection plus grave, une plaque neutre appliquée à distance sur le même membre et, mieux encore, sur le membre du côté opposé (M. Dumontpallier) arrête-t-elle les effets du métal actif ? Est-ce que la force du courant, dans ce dernier cas surtout, s'en trouve changée ?

Nous avons, nous, pour notre usage personnel, une explication tout autre qui nous a toujours suffi pour comprendre comment se passent les choses en métalloscopie et le faire comprendre aux autres. Mais, comme elle n'a rien de scientifique et que, d'ailleurs, la place nous manque pour la développer, nous terminerons sur ce point en donnant la parole à M. Henry de Varigny qui, dans un article remarquable sur la métallothérapie paru dans la *Revue des cours scientifiques* du 25 juin 1881, s'est exprimé ainsi qu'il suit :

« Que l'état électrique, la tension aient beaucoup à faire avec les phénomènes métalloscopiques, cela est indubitable et l'influence des courants, des aimants, des solénoïdes, le prouve surabondamment, mais c'est tout ce que l'on peut dire dans l'état actuel des choses. On peut très bien substituer courants ou solénoïdes aux métaux (voire même un vésicatoire qui peut aussi produire le transfert), mais cela n'avance pas l'interprétation des faits, puisqu'on ne sait même pas comment ils se passent lors du passage des courants. »

Plus loin, l'auteur, renchérissant, dit encore, après avoir parlé des divers agents esthésiogènes que l'on a employés comme succédanés des métaux :

« Les connaissances nouvelles ne nous ont point encore donné la clef de la solution tant cherchée de ces agents. La question se complique et s'embrouille plus qu'elle ne s'éclaire par suite des hypothèses que l'on invoque. »

Du reste, M. Régnard lui-même, il n'est que juste de lui en donner acte, ne paraît point s'être fait grande illusion sur la valeur de ses interprétations : « En somme, a-t-il dit,nous apportons à la Société (de Biologie) un fait que nous avons vu plusieurs fois, que nous avons fait constater par la commission. Il explique, jusqu'à un certain point, la différence d'action des métaux appliqués sur la peau des anesthésiques. »

Les faits observés à la Salpêtrière ont donc confirmé, comme ceux de l'hôpital Lariboisière, l'opinion que nous soutenons quant à la prépondérance des troubles en moins de la sensibilité et de la motilité, et montré, une fois de plus, que les attaques, l'ovarie et les hyperalgésies de toute sorte, etc., sont de véritables décharges rendues nécessaires par une accumulation de la force nerveuse amenée par ces troubles. De plus, ces faits ont démontré que les troubles psychiques de l'hystérie sont justiciables des mêmes moyens et obéissent aux mêmes lois que les attaques, les contractures, les névralgies.

Donc la Commission, en constatant que chez les différentes malades soumises à son observation « l'amélioration s'était d'abord affirmée par le retour de la sensibilité générale et spéciale, ainsi que des forces musculaires », a donné aussi implicitement sa haute sanction aux doctrines qui se résument en cette proposition,si capitale que nous ne devons pas craindre de la répéter, savoir : *Qu'une affection nerveuse avec anesthésie et amyosthénie étant donnée, tout le traitement consiste à trouver un métal, ou tout autre moyen, qui puisse ramener la sensibilité et la motilité à l'état normal.*

Donc la métallothérapie, au cours des expériences qui furent faites dans les années 1876, 77 et 78, a tenu toutes ses promesses et au delà,puisque M. Charcot y a lui-même ajouté des guérisons que nous n'aurions pas même osé espérer.

Donc ce n'est point sans raison que M. le professeur Charcot, qui avait pu juger à loisir la nouvelle méthode de traitement sur des malades invétérées de son choix et « *qu'il avait offertes à la métallothérapie pour lui offrir l'occasion d'une démonstration décisive* », non content de présider aux travaux de la Commission et de signer le rapport sur la métallothérapie proprement dite comme il avait déjà signé, dix-huit mois auparavant, celui sur la métalloscopie, se fit, *proprio motu*, le vulgarisateur convaincu du Burquisme et, durant trois années, se plut à affirmer ses hauts faits aussi bien devant la Société de Biologie que dans ses cours !. .

Pour achever de bien faire comprendre toute l'importance des faits que nous avons résumés et donner la mesure des progrès dont ils ont été le point de départ, nous aurions maintenant à examiner quels étaient les divers errements qui étaient encore seuls suivis à la Salpêtrière, dans le traitement de l'hystérie, lorsque la métallothérapie vint y faire ses preuves pour la deuxième fois. Nous aurions à montrer combien peu de place y tenaient tous les agents esthésiogènes, de par la doctrine ovarienne enfantée par Robert Lée, Schutzenberger, etc. Nous aurions ensuite à parler des réformes thérapeutiques qui sont nées de nos expériences, à comparer l'action des métaux et celles des divers agents qu'on leur a opposés, aimants, électricité statique, diapason, courants continus, etc. Mais, sur tout cela et sur beaucoup d'autres choses nous aurions trop à dire ; passons.

Depuis, les choses ont-elles changé ? L'arme s'est-elle usée ou seulement même émoussée ? Est-il survenu à la métallothérapie des revers qui puissent faire croire que jusqu'alors ses nombreux succès n'avaient été que des séries heureuses ? Des faits sont-ils venus légitimer, dans une mesure quelconque, certains actes que nous nous sommes borné à signaler à demi-mot dans le *Lyon Médical*, mais que l'intérêt des malades, tout au moins, nous ferait un devoir de dénoncer hautement, si ces actes, continuant à se produire là où nous devions le moins les attendre, devaient avoir plus longtemps pour effet de frapper la métallothérapie comme d'interdit dans tel grand service hospitalier que nous ne voulons pas nommer.

Nous avons répondu, par anticipation, dans une précédente communication qui a pour titre : *Les étonnements de la Métallothérapie.* Cette réponse, nous allons la reproduire ici, pour ceux qui ne sont point en possession du Bulletin de la Société de Biologie.

VI

Les Etonnements de la Métallothérapie

GUÉRISON RAPIDE DANS DEUX CAS D'ANGINE DE POITRINE
D'APPARENCE GRAVE,
DISPARITION EN QUELQUES HEURES D'UNE CONTRACTURE QUI AVAIT
RÉSISTÉ A L'AIMANT ET A L'ÉLECTRICITÉ,
ACTION INSTANTANÉE D'UNE PLAQUE DOUBLE
DANS UN CAS D'HYSTÉRIE REBELLE, ETC., ETC.

Il y a quelque temps, nous traitions devant la Société de Biologie des *Surprises* de la métallothérapie. Aujourd'hui nous venons y ajouter la première page d'un deuxième chapitre destiné à venir à la suite, celui de ses *Etonnements*.

De quel autre nom qualifier, en effet, l'impression produite par la découverte de ce phénomène si inattendu, le *transfert*, où l'on voit un côté du corps perdre ou gagner, exactement dans des points symétriques, ce que l'autre côté gagne ou perd ; ou bien par des guérisons de malades, comme celles dont il est parlé dans les rapports de M. Dumontpallier, par quelques doses de sel d'or ou de sel de cuivre, guérisons qui faisaient dire à M. le professeur Charcot « *qu'il en avait été certainement quelque peu ému* ».

Et, presque dans le même moment où M. Charcot témoignait de la sorte en faveur de la métallothérapie, il obtenait lui-même ce double succès, que nous aurions, nous, hésité à dire si la bonne fortune nous en était échue, la guérison *définitive*, par une seule application métallique de moins d'une demi-heure de durée, dans deux cas de paralysie organique, l'une, post-hémorragique qui datait de dix années, et, l'autre, infantile qui durait depuis un temps presque double !

Comment qualifier aussi le fait de cette jeune mercière, Mlle M..., présentée à la Société de Biologie d'abord par M. Charcot et plus tard par nous-même, chez laquelle l'application sur un seul bras d'une simple plaque d'argent, doublée *au moment voulu* d'une plaque de métal neutre (maillechor), a suffi pour lui rendre sur l'heure chaleur, vision des couleurs, sensibilité, force musculaire etc., et fixer cette fois les résultats qui jusqu'alors n'avaient été que passagers ; rétablir toutes les fonctions,restituer au sang tous les éléments qui lui manquaient et,finalement, faire engraisser la malade de 7 kil. 500 gram., en moins de deux mois !

Quoi de plus étonnant encore que le cas de cette malade, C..., qui nous valut l'honneur de faire à la Pitié, le 13 juin 1878, dans le fauteuil de M. le professeur Lasègue, une conférence sur la Métallothérapie,publiée *in extenso* par la *Gazette des Hôpitaux*, que rien, depuis quatre années, ni les courants continus appliqués pendant quatre mois consécutifs, ni les injections de morphine à haute dose,etc.,n'avaient pu même soulager, et qui fut débarrassée en quelques heures d'une hyperesthésie atroce, siégeant dans tout le membre inférieur gauche, par une armature d'or, et d'un pied-bot varus, du même côté, par quelque sjours d'administration interne de ce même métal.

Et que dire de ces guérisons de tétanie ou de crampes féroces, de violente migraine, etc., obtenues, à moins de frais encore et tout aussi vite, par MM. Bouchut, A. Richard, Dufraigne, Durand,Defaucomberge, etc., etc., guérisons qui, plus d'une fois, firent *crier miracle* par les assistants,comme dans le cas, rapporté par la *Gazette des Hôpitaux* du 28 avril 1881,de cette jeune chanteuse, devenue aphone depuis deux ans, à laquelle nous rendîmes complètement la voix en moins de dix minutes par l'application d'nn simple collier de cuivre ?...

A tous ces faits si peu véridiques, mais si hautement affirmés, nous allons en ajouter d'autres.

Dans les deux premiers,il ne s'agit rien moins que de cas d'angine de poitrine de l'apparence la plus grave,qui s'étaient montrés rebelles à tous les traitements et que la métallothérapie a *jugulés*, pour ainsi dire, du jour au lendemain.

Angine de poitrine chez un bimétallique, Guérison rapide par le cuivre extra et l'or intus.

1° *Observation communiquée à la Société médicale d'Amiens, le* 2 *mai* 1882, *par le docteur* Dubois (*de Villers-Bretonneux*).

Dans les premiers jours de février dernier, M. le docteur Dubois nous amenait un de ses clients, M. X. ., député, âgé d'environ 40 ans, qui, depuis deux mois passés, se trouvait en proie à des accidents thoraciques qu'il a caractérisés ainsi :

« Tout à coup M. X... est pris d'une douleur présternale atroce qui l'étreint et l'immobilise. L'oppression est accablante, les yeux sont hagards, le facies exprime l'anxiété et la terreur; les muscles de la mâchoire inférieure et du cou sont contractés, la tête est renversée en arrière et le rachis est fortement étendu comme dans l'opisthotonos, la voix est entrecoupée, l'inspiration est accompagnée d'un cri rauque et étouffé.

« J'ai assisté à un de ces accès qui, au dire du malade, n'était qu'un diminutif de ses fortes crises et j'ai été véritablement effrayé de sa gravité. Les crises duraient quelquefois plus d'une heure.

« Les accès se produisent plusieurs fois, le jour et la nuit.

« Ils arrivent au milieu du sommeil le plus profond. Un changement de température, le passage d'un appartement dans un autre, des mouvements trop brusques les provoquent. M. X... ne peut plus monter un escalier sans souffrir. Impossible à lui d'écrire. La lecture détermine une crise.

« Il faut remarquer cependant que M. X... n'avait pas d'irradiation brachiale bien marquée.

Les accidents remontaient à deux mois. Une course rapide à contre-vent—M. X... est un grand marcheur — en avait été le point de départ..., et tout ce qu'on avait pu faire pour les conjurer, l'opium, la morphine, le bromure de potassium à la dose de 8 grammes, etc., avait échoué. M. le professeur Charcot, consulté avant nous, avait prescrit à peu près les mêmes moyens. M. le docteur Dubois et un autre confrère, M. le docteur Lenoël, estimant que M. X... n'avait plus de temps à perdre, le dirigèrent alors vers la métallothérapie. Cette préférence était pour elle sans doute un grand honneur, mais nous confessons que, de prime abord, elle ne fut point sans faire naître en nous des regrets que nous ne pûmes taire à notre confrère. Outre que l'état de M. X... paraissait des plus graves, bien que l'irradiation brachiale fît presque défaut, son affection ne semblait point en effet rentrer précisément dans le cadre de celles dont la Métallothérapie est habituée à triompher, et nous aurions très vraisemblablement décliné ici notre compétence si les choses que nous allons dire ne nous eussent inspiré confiance.

Le père de M. X..., était mort diabétique. Sa mère, qui vit encore, est névropatique. M. X... avait, de son côté, une impressionnabilité vive, mobilité des traits, volubilité dans le langage, gestes saccadés. Il était depuis longtemps sujet à de violentes migraines qui avaient complètement cessé depuis la venue de l'angine; mais surtout, il était anesthésique et amyosthénique à un degré qui était en rapport avec la sévérité des accidents. Son cas ressortissait donc à la loi que nous nous sommes toujours efforcé de faire prévaloir en névropathie.

De plus, la mère de M. X... et sa fille avaient présenté des accès de somnambulisme, et lui-même, sans avoir offert les mêmes phénomènes, était rêvasseur, sujet aux cauchemars.

Nous pouvions donc aussi supposer déjà qu'il existait chez lui une *sensibilité cuivre* ou *or*, cette sensibilité marchant toujours de pair avec l'aptitude somnambulique.

D'autre part, nous n'ignorions pas les succès *que Laënnec avait obtenus dans des cas semblables* avec des plaques d'acier aimanté; nous avions lu la remarquable observation qu'ont publiée MM. Lépine et Garel dans la *Revue mensuelle de médecine et de chirurgie*, en juin 1880, relativement à un cas de même nature traité avec succès par l'or intus. Mais nous nous souvenions surtout qu'à Vichy, en 1871, nous avions obtenu une guérison par la métallothérapie chez un diabétique, M. S..., graveur, atteint de cette complication, l'angine de poitrine, qu'on a signalée comme assez fréquente dans le diabète, et, partant, chez les individus qui sont prédisposés à cette affection par leur hérédité, ainsi que c'était le cas de M. X..., guérison qui se trouve longuement décrite dans notre brochure : *La Métallothérapie* à Vichy contre le *Diabète* et la *Cachexie alcaline* (chez A. Delahaye).

Nous nous mîmes donc à faire l'examen métalloscopique, et bientôt nous eûmes acquis la preuve et démontré à notre confrère que M. X... était sensible au cuivre et à l'or, mais surtout au premier métal, comme nous l'avions prévu et annoncé tout d'abord, et à *ces deux métaux* seulement.

« Il était vraiment curieux, disait, le 2 mai, le docteur Dubois devant ses honorables collègues d'Amiens,de voir M.X..., dont on piquait le bras à traverser la peau de part en part, ne rien sentir et le sang ne pas couler avant l'application du cuivre, et, au bout d'un quart d'heure de cette application, la force musculaire augmenter de dix kilogrammes, la sensibilité revenir et les piqûres suinter, en même temps que de la chaleur et des fourmillements se faisaient sentir dans le même membre. Mêmes phénomènes, mais moins intenses,avec l'or. »

En conséquence, nous prescrivîmes le traitement suivant :

1o Application d'une armature de cuivre, *la nuit*, sur les quatre membres et, en ceinture sur la poitrine.

2o Solution de chlorure d'or à 1/100 deux fois par jour, 1/2 heure avant le repas, depuis 5 gouttesjusqu'à 15.

3o Frictions stimulantes le matin avec de l'eau de Cologne et un gant de crin.

4o Si, au bout d'une quinzaine, pas de résultat, faire de la métallothérapie en sens inverse, c'est-à-dire donner le cuivre à l'intérieur et appliquer l'or extérieurement.

Le traitement fut commencé le 12 février. Sur ses résultats, voici comment s'exprimait notre honorable, confrère d'après des notes prises, jour par jour, par M. X...

« Je vous ferai remarquer, messieurs, qu'à partir du premier jour de l'application du traitement, les grandes attaques ne se sont plus montrées. Il resta seulement à M. X... un peu de toux, précédée de douleur présternale. Cette dernière disparut elle-même bientôt et fut remplacée par un léger point sous la première côte droite. La toux, d'abord nerveuse, devint ensuite un peu plus grasse. Un vésicatoire,appliqué dans le but de faire disparaître les râles du côté droit, produisit de la douleur, tandis qu'au mois de janvier, M. X... était resté insensible à l'application d'un premier vésicatoire, qui avait pourtant produit une grosse cloque.

« Le traitement avait commencé le 12 février.

« Dès le 17, il n'y avait plus ni spasmes ni toux.

« Le 18, un peu de diarrhée étant survenue et ayant forcé de suspendre le chlorure d'or, la douleur présternale et la toux revinrent un peu. Un accès, qui eut lieu la nuit, fut calmé par l'application des armatures.

« Le 24 février, aucun point douloureux, pas de toux : 16 gouttes de chlorure.

« Le 12 mars, par un vent trèsfrais, un accès de toux avec douleur força le malade à remonter en voiture.

« 15 mars. Il n'y a plus d'oppression. Le malade marche comme avant sa maladie ; il monte les escaliers sans suffocation ni essoufflement. Pouls à 60.

« 21 mars. Les plaques ayant été appliquées seulement au bras, il survient vers minuit une douleur présternale très aiguë. Le malade remet aussitôt son armature entière : tous les symptômes disparaissent et M. X .. se rendort.

« Le 2 avril, cessation de tout traitement. Depuis ce moment aucun accident n'est survenu.

« Aujourd'hui M. X... est complètement guéri et a repris ses occupations et sa vie active.

« Quand il se sent fatigué et qu'il s'aperçoit d'une fréquence plus grande du pouls, il remet son armature et le pouls redescend, quelquefois en un quart d'heure, de 15 à 20 pulsations. »

Nous n'ajouterons aucun commentaire et nous nous bornerons à dire que nous avons revu deux fois M. X..., qu'il avait repris des couleurs et de l'embonpoint, que sa sensibilité et sa force musculaire étaient normales et qu'il ne se plaignait plus de rien, voire même de migraine.

Aujourd'hui, 10 juillet, son état de santé continue à être aussi satisfaisant que possible.

ANGINE DE POITRINE (sensibilité acier)

GUÉRISON PLUS RAPIDE ENCORE PAR LA METALLOTHERAPIE MIXTE.

2e *Observation communiquée à la Société médicale d'Amiens, dans sa séance du 7 juin* 1882, *par le docteur* DUBOIS.

Nous venions à peine de rédiger l'observation qui précède, que nous recevions encore de M. le Dr Dubois celle que voici. Comme on va le voir, c'est là un digne pendant du cas de M. X... La nouvelle observation, ayant été recueillie par notre distingué confrère *tout seul*, présente, de plus, cet avantage de témoigner qu'il n'est nullement nécessaire d'avoir fait une étude spéciale de la métallothérapie pour pouvoir grossir soi-même le chapitre de ses étonnements.

« La nommée L..., femme robuste, âgée de 57 ans, a joui jusque dans ces derniers temps d'une excellente santé. Elle est mère de sept enfants, tous bien portants. Elle eut quelques métrorrhagies à l'époque de la ménopause qui n'altérèrent point sensiblement sa santé. Rien donc ne pouvait faire prévoir l'invasion d'une affection grave, quand, le 21 février dernier, à la suite de vives contrariétés, Mme L... fut prise d'une attaque d'angine de poitrine typique, — constriction de la poitrine, douleur présternale, irradiant dans le bras gauche, trismus de la mâchoire inférieure, contraction des muscles du cou, opisthotonos, cris rauques, étouffés au commencement de l'accès, angoisse extrême. Les accès, d'abord éloignés, devinrent d'une extrême fréquence. Ils se répétaient plusieurs fois le jour et la nuit, ne laissant que de rares intervalles d'accalmie, et duraient souvent deux heures consécutives. Dans ces derniers temps, ils en étaient arrivés à se produire sous l'influence du moindre bruit. Les enfants et le mari de cette malheureuse femme n'osaient plus la quitter. C'est à peine si elle pouvait se lever pour faire son lit. Il y avait perte complète d'appétit, constipation opiniâtre. Le danger semblait imminent. J'avais employé toute la série des calmants et des antispasmodiques sans procurer le moindre soulagement. C'est alors que j'eus recours à la métallothérapie. Je reconnus que Mme L... était sensible à l'acier.

« Le traitement métallique fut commencé le 1er juin dernier.

« C'est dans la nuit du 1er au 2 juin, que je fis faire à cette malade l'application de 48 plaquettes d'acier, et à dater de cette nuit, la dame L... n'a plus eu ni accès, ni crise d'aucune sorte. La première nuit, elle dormit d'un profond sommeil et ressentit une chaleur agréable. Comme traitement interne, je prescrivis à la malade de l'eau ferrugineuse naturelle qui se trouve à Amiens, à la source des Huchets.

« Tous les matins, frictions sur tout le corps avec un gant de crin imprégné d'eau de Cologne. A partir de cette époque, la malade, qui ne pouvait plus boire que du lait et du bouillon, a repris appétit. Elle mange bien maintenant et n'a plus de constipation. Ses selles sont régulières.

« 7 juin. La douleur, qui irradiait dans le bras gauche, bien que diminuée, persiste encore. Mais la malade, qui ne pouvait se lever, a pu hier (6 juin), *après 6 jours de métallothérapie*, sortir de chez elle et faire une promenade à pied de près de 3 kilomètres.

« *N. B.* — Aujourd'hui, 15 juillet, la malade continue d'aller de mieux en mieux, au point que depuis trois semaines je n'en ai plus entendu parler. Inutile d'ajouter que Mme L... n'avait aucune lésion du cœur, ni des poumons. »

Le premier cas est identique, sous le rapport de l'aptitude métallique, à celui de MM. Lépine et Garel — *sensibilité or et cuivre*. — Chez le malade de Lyon les résultats thérapeutiques furent plus lents à se produire, peut-être à cause de la forme sous laquelle fut donné le remède. Ce dernier, l'or, fut en effet administré en feuilles et non à l'état de sel. Il en fut autrement pour M. S..., le diabétique, affecté en même temps d'angine de poitrine, dont nous avons publié l'observation dans notre travail sur le diabète. A peine son métal, le cuivre, lui avait-il été administré, sous forme de bioxyde (0°,25 cent. par pilule), que disparaissaient tous les accidents thoraciques qui avaient remplacé une ancienne migraine comme chez M. X...

Nous intercalons ici une observation de contracture, qui a été communiquée postérieurement, le 5 août, à la Société de Biologie par M. Chantemesse.

Contracture hystérique rebelle a l'aimant et a l'électricité : Disparition par une armature d'acier.

Par M. Chantemesse, interne à l'hôpital Beaujon.

« J'ai l'honneur de soumettre à la Société l'observation suivante, relative à une jeune fille atteinte de contracture hystérique qui persistait depuis neuf mois et qui a été guérie par des applications métalliques, suivant la méthode de M. Burq.

« Issue de parents névropathes, cette jeune fille avait eu elle-même, depuis l'âge de dix ans, des migraines qui survenaient chaque mois pendant plusieurs jours. Au moment où se montra la contracture, la malade avait alors quinze ans, les migraines disparurent complètement. Au mois de novembre dernier, à la suite d'une plaie de la main gauche par un éclat de verre, brusquement s'établit une raideur des muscles de la main ; celle-ci prit la forme d'un cône dont le sommet était formé par l'extrémité des doigts. Cette contracture, qui s'accompagnait de sensations pénibles, de tiraillements, résista à tous les moyens dirigés contre elle pendant de longs mois.

« Au commencement de juillet, la malade entra dans le service de M. Fernet, à l'hôpital Beaujon. On constata alors, dans tout le côté gauche, une hémi-anesthésie sensitivo-sensorielle complète avec contracture des muscles de la main, persistant depuis le mois de novembre. Le traitement d'abord employé consista dans l'électrisation faradique avec le pinceau, dans l'application d'un puissant aimant mis au contact du côté anesthésié, et enfin on eut recours à l'application de divers métaux : or, argent, platine, zinc, cuivre, qui n'amenèrent dans l'anesthésie et la contracture aucun changement.

« En dernier lieu, il y a huit jours, on enroula autour de l'avant-bras un bracelet composé de disques en acier ; le lendemain, la contracture avait totalement disparu, mais l'anesthésie et l'amyosthénie du côté gauche étaient aussi intenses qu'auparavant. Depuis ce jour, malgré l'administration du fer à l'intérieur, les troubles de la sensibilité et de la motilité ne se sont pas modifiés encore ; la contracture n'existe pas, mais elle est en imminence et reparaît quarante heures après l'enlèvement du bracelet ; elle cède d'ailleurs facilemen à une nouvelle application métallique.

« Il est certain que la guérison complète ne pourra être espérée que lorsque le fer, pris à l'intérieur, aura totalement modifié l'état présent de la sensibilité et de la motilité. En tous cas, il est un phénomène curieux à enregistrer, c'est l'action du métal sur l'élément musculaire, la contraction qu'il fait disparaître en laissant inaltéré l'état de la sensibilité. »

Cette observation présente un double intérêt. Elle répond d'abord victorieusement, avec tant d'autres faits du même genre, à ceux qui ont prétendu faire accroire que les aimants et l'électricité étaient bien supérieurs, sous tous les rapports, aux métaux, et que ceux-ci sont impuissants là où les premiers n'avaient point eu d'action ; secondement, elle vient à l'appui de notre thèse : que la contracture comme les attaques sont dominées dans l'hystérie par les troubles hyponerviques, et que, l'anesthésie et l'amyosthénie persistant, on ne peut prétendre qu'à une disparition momentanée des accidents, ou bien à leur transformation, et *jamais* à une guérison définitive.

Dans une observation récente (V. *Gaz. des Hôp.* du 30 sept.) de pied-bot, semblable à celui de la malade de M. Verneuil et guéri aussi par la métallothérapie — *cuivre extra* et *intus* —, l'auteur, le docteur Magnier, de Vaux (Aisne), montre que c'est encore le retour de la sensibilité et des forces musculaires à l'état normal qui a précédé la disparition de la contracture. Ajoutons que, si la malade de M. Fernet ne guérit pas. Par le fer *intus*, il y aura lieu de croire qu'elle est bimétallique.

Nous pourrions multiplier ces exemples, sans cesser de rester fidèle à la ligne de conduite que nous nous sommes tracée dans ce travail de ne rien emprunter à notre pratique privée. Il en est venu en effet de partout. Ceux qui ne se trouveraient point encore assez édifiés, nous les renverrons aux divers articles de bibliographie publiés par M. le docteur Petit, sous-biblio-thécaire de la Faculté, dans le *Bulletin de thérapeutique.*

Faisant exception, une fois, nous terminerons ce chapitre par l'observation suivante qui nous est personnelle, mais qui ne saurait en être distraite, puisqu'elle faisait partie de notre communication sur les étonnements de la Métallothérapie.

Hystérie rebelle

Cessation immédiate de tous les accidents par l'application d'une plaque double (cuivre et acier) du côté anesthésique ; Guérison pendant toute la durée de l'application.

Le cas dont nous allons parler à la Société concerne une infirmière de l'hôpital Cochin. Nous serons bref sur l'histoire de sa maladie.

P... est hystérique à un haut degré et, par conséquent, amyosthénique et anesthésique en proportion. Ses sens sont *tous*, sans exception, plus ou moins fermés. Nous pourrions montrer, en effet, par certains détails qui sont venus à notre connaissance, que P... est une de ces *insensibles* qu'a si bien décrites en ses romans notre cher névropathe aux 3000 disques d'acier, M. H. Escoffier — *alias* Thomas Grimm — dont nous parlions récemment à la Société de Biologie, et que l'on pourrait aussi dire d'elle ce que l'historien a écrit de la plus célèbre de ses pareilles : *Lassata, sed non satiata.* Il paraîtrait que son affection est un mal de famille, car P... a deux sœurs et toutes deux sont hystériques comme elle.

Les attaques sont généralement violentes, durent longtemps et s'accompagnent de perte complète de connaissance.

Quand elles font défaut, P... est plus que jamais en proie à l'ovarie, à des névralgies et à des spasmes de toute sorte, siégeant tantôt sur un point et tantôt sur un autre.

C'est ainsi, qu'il y a deux ans, il lui survint une coxalgie féroce pour laquelle M. le professeur Trélat l'envoya à M. Dumontpallier Elle fut traitée à la Pitié par le platine, *intus et extra*, après examen métalloscopique préalable. La coxalgie se dissipa, mais très lentement — après environ 3 mois seulement — et il resta de l'anesthésie et de l'amyosthénie pendant et après le traitement. Il y avait donc lieu de supposer que la *sensibilité platine* n'était point la vraie, qu'elle ne venait qu'en sous-ordre, et que P... était vraisemblablement une *polymétallique.*

Dernièrement, nous avons eu occasion de revoir P... Elle avait redescendu la pente ; son état de santé était redevenu très misérable. Nous l'avons soumise à un nouvel examen métalloscopique, et nous avons pu constater qu'en effet, en plus de la sensibilité platine, elle avait une *sensibilité cuivre* peu commune. Son cas étant particulièrement intéressant, nous avions fait promettre à P... de se rendre à cette séance.

Mais elle n'en a rien fait pour deux raisons : la première, parce qu'une promesse d'hystérique vaut généralement on le sait, moins encore que certain billet fameux, et la seconde, qui, nous le croyons, est la principale, parce qu'elle redoutait la démonstration que nous nous proposions de faire sur elle sous les yeux de la Société. Voici une simple plaque de cuivre, grande au plus comme deux fois une pièce d'argent de 5 francs, et P... en a une telle peur qu'on lui demanderait vainement de se la laisser appliquer, *en l'état où nous la présentons*. Pourquoi ? Parce que ce métal a le don de déterminer chez elle des effets calorifiques comme nous n'en avons jamais vus. A peine la plaque en question a-t-elle touché la peau de son bras, du côté plus particulièrement frappé d'anesthésie, qu'il se produit dans ce membre, en outre de tous les autres phénomènes bien connus, une sensation de chaleur intolérable semblable, dit P..., à celle que lui occasionnerait un charbon ardent. Et qu'on ne croie pas que c'est là un caprice ou une pure fantaisie d'hystérique, ni que pour P... la dite plaque ait quelque chose de cabalistique. Un objet quelconque en cuivre produit absolument les mêmes effets thermiques, et il est tout aussi redouté. Nous avons maintes fois cherché à tromper la malade, à lui faire accroire, ses yeux étant fermés ou détournés, que nous lui appliquions autre chose que du cuivre; nous n'y sommes jamais parvenu. On peut au contraire la couvrir de fer, d'acier, de zinc, d'argent, etc., elle n'en ressent absolument rien. Avec le platine seulement il se produit une chaleur douce et de la sensibilité au contact et à la piqûre, mais qui n'a point d'acuité et ne rayonne que très peu. P... est donc une *bimétallique* sensible au platine un peu, mais sensible à un rare degré au cuivre et, partant, un sujet éminemment magnétique; il suffit d'ailleurs de fixer un moment les yeux sur les siens pour s'en convaincre.

Mais comment la faire bénéficier de la métallothérapie externe *toute seule* ? Comment atténuer chez elle les effets du cuivre de façon à le faire supporter tout le temps voulu ; et ces effets étant, bien entendu, des plus fugaces, comment arriver à les fixer ; comment s'opposer à l'anesthésie et à l'amyosthénie métalliques ?

Enfin, comment surtout empêcher que P... ne donnât raison à feu M. Briquet disant : « Que la métallothérapie n'était bonne à rien, puisqu'un côté du corps y perdait ce que l'autre gagnait ? »

La réponse ne semblait, de prime abord, rien moins que facile. Heureusement nous avions par devers nous le cas de la jeune mercière, Mlle M..., que nous rappelions en commençant ; cas identique à celui de P..., sauf que les deux métaux qui étaient la caratéristique de son *bimétallisme*, étaient l'argent d'abord et l'or ensuite, au lieu d'être le cuivre puis le platine, et que l'argent n'avait point chez elle la férocité d'action du cuivre. En conséquence, nous avons pris un métal neutre, l'acier, qui, dans l'échelle métalloscopique, est à l'opposé du cuivre. Nous l'avons marié, sous forme d'un disque à peu près grand comme une pièce de deux francs, à la si *terrible* plaque, mais, au lieu de procéder ici comme nous l'avions fait chez Mlle M..., c'est-à-dire d'attendre que les effets métalloscopiques de la première phase se fussent produits pour mettre l'acier sur le cuivre, nous avons appliqué de suite la plaque double.

Le retour de la sensibilité et des forces musculaires s'est encore effectué, un peu moins vite seulement, et cette fois la chaleur produite a été si modérée que P... s'est laissé faire. De plus, il n'y a point eu de phénomènes postmétalliques du côté de l'application, mais le transfert a continué à se produire, de sorte que nous n'avions encore résolu que la moitié du problème.

Nous avons alors formé un bracelet avec trois de nos anciens disques, mi-partie cuivre et acier ; nous avons laissé revenir toutes choses en leur état habituel, par le retrait de la plaque double, et lorsqu'il en a été ainsi, nous avons commencé par poser une barrière du côté gauche, par le *fermer*, pour ainsi dire, au moyen du bracelet de cuivre et acier, après quoi la plaque double a été réappliquée à droite sur le bras, dans un point correspondant, et fixée à demeure par un lien.

Il n'en a point fallu davantage pour obtenir sur l'heure tous les résultats souhaités. A partir de ce moment, la sensibilité générale et spéciale et les forces musculaires n'ont plus rien laissé à désirer, les vaso-moteurs se sont mis à fonctionner régulièrement, la figure a repris de l'animation et, chose inouïe, les règles, qui étaient absentes depuis plusieurs mois, se sont montrées quelques heures après. La nuit suivante, P..., qui ne trouvait plus un peu de sommeil qu'au prix d'une piqûre de morphine, a dormi comme elle ne l'avait point fait depuis longtemps ; le lendemain elle faisait déjà sa besogne avec entrain et sans fatigue; elle mangeait avec plaisir ; etc., et trois jours ne s'étaient point écoulés, qu'il était déjà survenu une amélioration telle que P..., ne croyant plus avoir besoin de rien, mettait de côté plaque et bracelet !

En vérité, le mot étonnement est-il encore ici de trop ? N'est-ce point plutôt celui de stupéfaction que nous devrions écrire, et n'est-il pas profondément regrettable, pour l'art comme pour les malades, qu'une méthode qui peut donner des résultats pareils ne soit pas plus connue, et que ceux qui ne peuvent arguer qu'ils l'ignorent n'en usent point tout d'abord, puisqu'elle est applicable partout et à la portée de tous, quitte à recourir ensuite, s'il en est besoin, à tous autres agents esthésiogènes et dynamogènes, la métallothérapie, redisons-le puisque l'occasion s'en présente, n'ayant jamais eu d'autre prétention que d'en grossir le nombre, d'éclairer d'un jour tout nouveau l'action de ceux dont il était fait usage et de diriger sûrement dans leur emploi ? N'est-il point révoltant aussi au premier chef, pourquoi ne l'ajouterions-nous pas, de voir des auteurs accrédités (V. par exemple, dans le Dict. de Jaccoud, l'article Hystérie), ne pas même donner place à nos travaux dans leurs index bibliographiques ?..

Nous n'avons pas besoin d'ajouter que P..., chez laquelle le traitement externe n'avait duré qu'un moment, et qui n'avait point encore reçu à l'intérieur le métal que nous nous étions proposé de lui administrer pour rendre les résultats plus durables, n'a point tardé à subir les conséquences de son indocilité et qu'aujourd'hui tout est à recommencer.

VII

Procédés courants

POUR LA MÉTALLOSCOPIE ET LA MÉTALLOTHÉRAPIE
D'APRÈS UNE EXPOSITION FAITE A LA SALPÊTRIÈRE
PAR M. LE PROFESSEUR CHARCOT.
EXPLICATION DES PHÉNOMÈNES MÉTALLOSCOPIQUES,

RÉSUMÉ DU BURQUISME.

Les procédés à l'usage de la métallothérapie sont de deux sortes : ceux qui visent la recherche du métal (métalloscopie) et ceux qui ont pour but son emploi, soit *extra* (métallothérapie externe), soit *intus* (métallothérapie interne).

Voici quelles étaient ici les différentes données du problème à résoudre :

1o Saisir les moindres nuances ou manifestations de l'action externe des métaux usuels malléables ;

2o Découvrir aussi la sensibilité à des métaux qui, comme le manganèse, l'antimoine, le mercure, etc., ne sauraient se prêter aux procédés métalloscopiques ordinaires, mais qui ne peuvent point ne pas être appelés à grossir la gamme métalloscopique, et agir de même pour les métalloïdes, tels que l'arsenic, l'iode, le brôme, etc., dont l'expérience a démontré l'utilité dans les affections dynamiques ;

3o Rendre des métaux appropriés actifs, lorsqu'ils ne le sont pas, ou bien ont cessé de l'être (aptitudes métalliques dissimulées), quand il s'agit de la métallothérapie externe ;

4o Donner aux armatures la forme voulue pour en faciliter l'emploi et réduire à son minimum l'épaisseur des métaux précieux, afin que lorsque, comme pour le platine, on ne peut point recourir à des pièces de monnaie, il soit encore possible de faire de la métallothérapie externe à peu de frais ;

5o Enfin, faire pénétrer dans l'organisme un métal ou un métalloïde de la manière la plus simple et aussi la moins nocive, si l'on a quelque raison d'en redouter les effets.

Tous ces points, nous croyons les avoir résolus d'une manière satisfaisante par la thermo-métalloscopie, par les injections sous-cutanées, par l'administration interne du métal soupçonné d'être actif, par des formules appropriées de différents sels ou métaux en nature, par de certaines formes données aux armatures, etc. Mais il nous serait impossible de faire l'exposition de tant de choses sans entrer dans des étails pour lesquels nous n'avons plus la place.

Nous nous bornerons donc à parler des moyen des satisfaire aux indications courantes et, comme nous ne saurions mieux dire, nous passerons encore la parole à M. Charcot.

« Comment arrive-t-on à reconnaître le métal approprié ?

« Il faut,pour atteindre ce but,se livrer à une série de recherches. On commence par essayer le métal qui réussit le plus communément à modifier certains phénomènes de l'hystérie, c'est-à-dire le fer, d'après M.Burq ; on passe ensuite en revue les autres métaux,le zinc,le cuivre, l'or, l'étain,etc., si l'on n'a pas réussi avec le premier.

» Voici comment on opère : étant donnée une hémianesthésique gauche, après avoir constaté, par exemple, qu'en lui transperçant la peau avec une aiguille, on ne provoque chez la malade aucune manifestation de sensibilité, vous appliquez du côté anesthésié, généralement sur l'avant-bras, une plaque métallique, de l'or si vous voulez.

« Il n'est pas besoin pour cela d'appareils spéciaux ; il suffit, s'il s'agit de l'or, par exemple, de prendre un ou deux louis,de les fixer sur une petite bande et de les maintenir ainsi en contact avec la peau.

« Voici alors ce que l'on observe, si la malade est *sensible* au métal dont on a fait choix, à l'or, dans l'espèce, au bout d'un temps qui peut varier de quelques secondes à quinze ou vingt minutes, suivant les sujets, la malade vous avertit qu'elle sent son bras comme engourdi ; alors, si vous piquez la peau au voisinage de la bande, vous voyez que la sensibilité commence à revenir. C'est le premier stade de la disparition successive des phénomènes anormaux, de l'anesthésie, entre autres. Vous remarquez en même temps un certain nombre d'autres particularités. La peau rougit, et les piqûres qui, avant l'application du métal, restaient à peu près exsangues, se mettent à saigner abondamment. De plus, je suppose qu'avant l'expérience vous ayez fait serrer le dynamomètre à la malade, et que vous ayez constaté qu'elle donnait un chiffre très bas, 15 ou 20 kilogrammes, par exemple, après l'application du métal vous remarquerez que la malade donne au dynamomètre 20 ou 40 kilogrammes, qu'elle est devenue par conséquent forte comme un homme. L'anesthésie a donc disparu en même temps que l'amyosthénie.

« Tels sont les phénomènes dont nous avons, maintes et maintes fois, constaté la réalité...

« Je dois relever qu'on peut, bien que le fait soit assez rare, rencontrer des hystériques qui ne sont sensibles à aucun métal connu. Je dois ajouter qu'il faut choisir les temps d'accalmie pour que l'action des métaux puisse être mise dans toute son évidence...

« Passons maintenant à la métallothérapie.

« Autrefois, dans ses premières études, voici comment M. Burq traitait l'hystérie. Après avoir reconnu qu'une malade était sensible à un métal donné, il appliquait tous les jours des armatures faites avec ce métal sur les différentes parties du corps, de manière que la malade ressemblait aux anciens chevaliers bardés de cuirasses et de brassards.

« On s'est amusé, dans le temps, de ce traitement, je ne sais pas pourquoi, car il en est certainement de beaucoup plus singuliers et auxquels on passe condamnation ; quoi qu'il en soit, cette application métallique avait pour effet de ramener tout d'abord un peu de sensibilité. Mais, lorsque le métal restait appliqué, cette sensibilité disparaissait bientôt et les phénomènes morbides s'exagéraient momentanément. Les malades éprouvaient une sorte de malaise, d'engourdissement, de somnolence, comme dans les cas auxquels je faisais allusion tout à l'heure. Puis on remarquait, au bout d'une quinzaine de jours, que la plupart des phénomènes permanents de l'hystérie s'atténuaient ou même disparaissaient. Il y avait là une guérison temporaire. Au bout d'un certain temps les phénomènes se reproduisaient, et il fallait recommencer un certain nombre de fois pour arriver à une guérison complète.

« Cela pouvait durer plusieurs mois. Voilà en quoi consistait la métallothérapie externe. Je ne connais pas bien cette méthode, ne l'ayant pas appliquée moi-même et n'ayant pas eu occasion d'en constater les effets thérapeutiques.

« Voici maintenant en quoi consiste la métallothérapie interne. Vous avez pratiqué la métalloscopie et vous avez reconnu la sensibilité des malades à un métal déterminé, fer, or, cuivre, zinc, etc... La métallothérapie interne consiste tout simplement à administrer aux malades ces métaux à l'intérieur, le plus souvent sous la forme soluble. Ainsi, par exemple, pour l'or, nous nous sommes servi d'une solution de chlorure d'or et de sodium, renfermant un centigramme de médicament par vingt-cinq gouttes. C'est une solution d'une belle couleur jaune, transparente, qui n'a pas mauvais goût et que les malades acceptent très bien. Nous en faisons prendre dix gouttes avant chaque repas dans un quart de verre d'eau distillée. Et l'on augmente progressivement les doses.

« Nous ne donnons pas d'autre médicament.

« Si la malade a été reconnue sensible au cuivre, c'est à l'acétate de cuivre en solution, par gouttes dans l'eau distillée, qu'on a recours, ou bien à l'eau de Saint-Christau, qui, comme vous savez, contient du cuivre. Si elle est sensible au zinc, vous lui administrez de la même manière du sulfate de zinc, ou une des nombreuses préparations de fer que vous connaissez, si elle est sensible au fer.» (V. in. Gaz. des Hôp. 1877.)

La citation qui précède, nous aurions pu la faire plus longue, mais là encore nous avons dû nous borner. Pour les mêmes raisons, nous avons été empêché aussi de donner à la question pratique les développements qu'elle comporte. Nous le regretterions encore plus si la *publication très prochaine* d'un MANUEL DU BURQUISME ne devait nous permettre de combler à souhait cette lacune, et de fournir à chacun le moyen de se prouver à luimême que : « *Le vrai peut quelquefois ne pas être vraisemblable* », comme le rappelait dans son journal de médecine vétérinaire l'éminent professeur H. Bouley, à propos d'un compte-rendu sur la métalloscopie.

Ceux qui ne connaissent guère la métallothérapie que de nom, ou qui manquent du temps nécessaire pour faire les explorations préalables qu'elle nécessite, trouveront dans ce manuel la formule de certaines pilules, déjà mentionnées, lors de notre conférence à l'hôpital de la Pitié, qui les aideront, nous l'espérons, à accomplir les mêmes prodiges.

En attendant nous allons essayer de donner la clé des phénomènes métalloscopiques, afin que chacun puisse d'ores et déjà s'y retrouver facilement.

EXPLIÇATION DES PHÉNOMÈNES MÉTALLOSCOPIQUES.

Pour bien faire comprendre comment les choses se passent en métalloscopie et différencier les divers phénomènes, *à l'aller* (métalliques) et *au retour*, nous avons aimé souvent à nous servir de l'image d'une échelle double pourvue d'un même nombre d'échelons des deux côtés, sur laquelle nous faisions évoluer les hystériques, les *droitières* du battant de droite sur le battant de gauche, et les *gauchères* du battant de gauche sur le battant de droite, puis à l'inverse. Mais voici une autre conception qui nous paraît tout à fait démonstrative.

Imaginons une de ces romaines du commerce, dites PESONS, mais, au lieu de l'index à plateau que l'on sait, appliquons à l'instrument un cadran partagé verticalement en deux moitiés latérales semblables, zébrées symétriquement, l'une et l'autre, d'un certain nombre de zones ou secteurs égaux, disons 12 de chaque côté, teintés progressivement, du haut en bas, depuis le blanc d'argent jusqu'au noir d'ivoire le plus sombre, et chiffrés de I à XII à droite et de 1 à 12 à gauche.

Traçons sur le cadran un rectangle qui en divise les bords en quatre segments égaux, formant comme quatre départements distincts, composés chacun de six secteurs, en correspondance au milieu avec les quatre points cardinaux. Inscrivons dans le segment Nord les mots *sensibilité* et *motilité normales*, dans le segment Sud les mots *anesthésie* et *parésie*, dans les segments Est et Ouest ceux d'*analgésie* et d'*amyosthénie* et sur les confins du Sud-Est et du Sud-Ouest celui de *dysesthésie*.

Nous appellerons R le ressort, C le cadran, A l'aiguille et S le crochet de suspension de la charge.

Dans l'état normal, tout va bien. R étant convenablement tendu, A oscille bien en son orient, c'est-à-dire au point d'intersection des secteurs I et 1. Mais, survienne une cause quelconque qui détende R, aussitôt A de descendre à droite d'une quantité correspondante. Supposons-la arrêtée sur le secteur X. Tirons sur S avec lenteur, qu'arrivera-t-il ?

1er temps. A remontera vers son orient en passant successivement sur la ligne de la *dysesthésie*, sur les différents secteurs du département de *l'analgésie* et de l'*amyosthénie*, sur les secteurs III, II et I de la *sensibilité* et de la *motilité*.

2e temps. A redescendra à gauche en suivant, par rapport aux différents secteurs, un chemin absolument inverse. Elle passera donc du département de la *sensibilité* et de la *motilité normales* où elle était arrivée, dans celui de l'*analgésie* et de l'*amyosthénie* et de ce dernier dans le département de l'*anesthésie* et de la *parésie*, mais non sans avoir passé à nouveau par la ligne intermédiaire de la *dysesthésie*, et si la tension est assez forte, elle pourra descendre plus bas encore qu'elle n'était partie, atteindre le 11e secteur ou même le 12e. A y restera tout le temps que l'on continuera la tension de R, en décrivant quelques oscillations si la main qui tire est elle-même hésitante.

Cessons peu à peu la tension de R, et nous aurons le *retour* de A vers son point de départ primitif, en deux temps absolument semblables aux deux premiers. Seulement A, au lieu de redescendre cette fois à droite jusqu'au secteur X, pourra s'arrêter au IX, ou même plus haut, suivant que la tension aura été plus grande et aura duré plus longtemps, c'est-à-dire que R aura acquis plus de bande.

Il va de soi ces trois choses : La première, que si une cause quelconque a plus ou moins immobilisé les spires de R dans leur gaîne, A pourra n'accomplir qu'un seul temps, ne pas franchir plus d'un secteur ou deux, ou même ne pas bouger du tout, quelle que soit d'ailleurs la force déployée, si toutes les spires sont condamnées ; la seconde, qu'il en sera absolument de même si la traction exercée sur R n'est point en proportion de sa résistance à se laisser tendre jusqu'au bout ; et la troisième, que si, au moment où la main tire sur S, un obstacle insurmontable, une tablètte d'arrêt, par exemple, placée sous elle, vient à arrêter la tension, tout aussitôt A cessera de tourner, restera à son point d'arrivée et ne témoignera plus de la persistance de l'effort que par quelques oscillations.

Eh bien, substituons par la pensée à R un bras frappé d'anesthésie et d'amyosthénie, à la main qui tirait un métal actif M, et nous aurons, pour les deux premiers temps les phénomènes dits métalliques, pour les deux autres ceux dits de retour et, finalement, un bénéfice en rapport avec la force et la durée d'action de M sur les nerfs sensitifs et moteurs.

Mais : 1o si nous sommes en présence d'une aptitude métallique dissimulée le premier temps, ou une portion de ce temps, pourra seulement s'accomplir, la sensibilité pourra rester, par exemple, dans l'analgésie ou même dans la dysesthésie, et si la dissimulation est à son comble, nous n'aurons pas le moindre effet, quelle que soit d'ailleurs l'action de M.

2o Si M n'est qu'une sous-caractéristique de l'idiosyncrasie, nous n'aurons encore que des effets partiels.

3o Si sur M on applique une plaque d'arrêt N, les phénomènes acquis en ce moment seront immobilisés tels quels.

Allons maintenant plus loin. Reprenons notre image du peson, mais formé d'une paire de ressorts foulants solidaires, et non plus d'un seul, montés parallèlement, l'un, D, à droite et l'autre, G, à gauche de A, dans une gaîne distincte, et tendus de façon à représenter les deux plateaux d'une balance chargés, chacun, d'une tare égale. Supposons, qu'au moyen de dispositions faciles à concevoir, on ait arrangé les choses de façon qu'on puisse agir séparément, à volonté, sur D ou sur G. La tension ou la distension de l'un des ressorts ne pouvant être faite sans que tout aussitôt il ne s'opère sur l'autre ressort un effet absolument inverse, ou, en d'autres termes, sans que G perde ou gagne tout juste ce que D gagne ou perd et réciproquement, on aura aussi une idée assez exacte de ce qui se passe dans le phénomène dénommé *transfert*. Ce nom fut, à son origine, l'objet d'une vive critique de la part de M. Briquet. Nous sommes nous-même très loin de le trouver irréprochable, mais nos raisons sont autres que celles invoquées par l'ancien medecin de la Charité. Pour ces raisons, faciles à déduire de ce qui précède, nous aurions, nous, préféré l'expression de *balancement* à celle de transfert, qui a le double inconvénient d'impliquer une idée fausse et de faire croire, *à priori*, que les applications métalliques sont inutiles.

RÉSUMÉ DES FAITS, DES DÉCOUVERTES,

DES DOCTRINES ET PROCÉDÉS QUI CONSTITUENT LE BURQUISME.

Ainsi donc, des faits métalloscopiques multiples, tous ou presque tous inconnus hier encore, d'un intérêt assez grand pour émouvoir le monde savant et susciter partout des expériences et des travaux d'un ordre tout nouveau, parmi lesquels deux Rapports qui resteront comme un modèle à suivre par tous ceux qui ont à cœur de concilier les intérêts de la science et de l'humanité avec les droits de la justice.

La séméiotique enrichie d'un nouveau symptôme, l'amyosthénie, et affermie dans la possession de l'anesthésie ou de son diminutif, l'analgésie, dont MM. Gendrin, Beau et leurs élèves l'avaient précédemment dotée.

Une doctrine des névroses, avec anesthésie et amyosthénie, l'hystérie en tête, qui donne leur raison d'être à tous les troubles *hypernerviques*, psychiques comme physiques, ainsi qu'aux désordres de la nutrition et de la circulation, qui imprime une sorte de logique à toutes ces affections et les rend aussi intelligibles, dans toutes leurs manifestations protéiques, qu'elles avaient semblé jusqu'alors indéchiffrables aux yeux du plus grand nombre ; plus, une connexion intime établie entre les névroses de cet ordre et la chlorose ou la chloro-anémie et celle-ci cessant d'être une entité morbide pour devenir un simple symptôme, un effet et non une cause.

Un traitement rationnel des maladies en question, basé sur la prédominance des troubles hyponerviques, par des agents esthésiogènes et dynamogènes, les uns complètement ignorés encore dont il n'est plus permis aujourd'hui à personne de contester l'efficacité, les autres plus ou moins oubliés, et la thérapeutique illuminée soudain de clartés inespérées, pour l'emploi de tous ces agents aussi bien que de ceux du même ordre que l'avenir lui tient en réserve,par cette double découverte : la révélation de l'idiosyncrasie par la notion de la sensibilité métallique individuelle, d'une part, et, de l'autre, la connaissance anticipée de l'action interne des divers agents dont s'agit, métaux et autres, par leur action externe, et réciproquement.

La notion de l'action véritable du fer dans la chlorose et la théorie esthésiogène et dynamogène mise expérimentalement à la place de la vieille hérésie chimiatrique de l'action directement reconstituante de ce métal sur les globules du sang ; hérésie que tant de faits contredisent, mais que tant de gens sont si grandement intéressés à entretenir.

La découverte de succédanés nombreux du fer, tels que le cuivre, l'or, l'argent, le platine, etc., agissant comme lui et de la même façon dans les mêmes cas pathologiques, en attendant ceux que pourront y ajouter plus tard l'*Anthomoscopie*, la *Phylloscopie*, la *Lithoscopie*, etc. comme l'a déjà fait la *Xyloscopie*, née de la métalloscopie.

La démonstration expérimentale du rôle que jouent les métaux dans les eaux minérales qui en contiennent et de l'utilité d'en ajouter à celles qui en manquent, pour augmenter les effets des unes et corriger ceux de quelques autres.

Différents procédés, entre autres, la dynamométrie du système musculaire devenue aujourd'hui un procédé usuel, l'esthésiométrie entrée plus avant dans la pratique médicale, la thermo-métalloscopie, une extension spéciale donnée aux injections de sels métalliques ou de métalloides, soit pour découvrir l'idiosyncrasie thérapeutique, soit pour faire absorber les agents esthésiogènes et dynamogènes, qui s'y prêtent, par une voie autre que la voie stomacale.

Tout un arsenal nouveau, esthésiomètre, dynamomètre, thermomètre circulaire, pulmomètre, armatures, solutions titrées, etc., pour l'exécution de ces procédés.

La démonstration par l'esthésiométrie, la dynamométrie et la thermométrie des effets curatifs de l'hydrothérapie, sous toutes les formes, de la gymnastique, des stimulants, des rubéfiants, des vésicants, de l'électricité, etc., et du magnétisme animal aussi bien que minéral.

La découverte des propriétés anticholériques et antiseptiques du cuivre.

Enfin la réalisation, plus ou moins prochaine, de l'espérance que nous formulions en ces termes, il y a déjà une vingtaine d'années :

« Un jour viendra où, l'idée nouvelle ayant fait son chemin, non seulement tous les métaux auront pris dans la thérapeutique la place qui leur revient, mais aussi la médecine possédera, en quelque sorte, ses tables de logarithmes, sous la forme d'un catalogue où seront classés tous les agents thérapeutiques, et peut-être hygiéniques, des trois règnes, de fatçon, qu'une maladie et une idiosyncrasie métallique étant connues, il n'y ait plus qu'à y chercher quel est le remède ou l'agent qui correspond à l'une comme à l'autre. »

Voilà le chemin parcouru depuis le jour où, il y a trente-cinq années, l'action d'un simple bouton de cuivre sur un sujet en état de somnambulisme magnétique vint, en nous révélant des effets inconnus, nous jeter dans la voie que nous avons toujours suivie malgré tout, parce que à chaque pas que nous faisions notre foi se trouvait affermie par la découverte de quelque filon nouveau; voilà le burquisme ; voilà ce que ce que l'on dit au magnétisme animal... Sans lui, disons-le très haut, sans les études dont il fut le point de départ, et si nous n'avions point toujours dédaigné le préjugé et les foudres de ceux qui l'entretiennent, quels qu'ils soient, la métallothérapie n'aurait point vu le jour, au moins encore ; une foule de travaux ne seraient point nés et continueraient à être relégués dans les cabinets de physique les aimants, tombés dans l'oubli malgré le remarquable rapport d'Andry et Thouret, l'électricité statique, les diapasons, les tam-tams, etc., etc., qui, feraient-ils des miracles, resteront toujours un oiseau rare pour l'humble praticien.

La metallothérapie ne fut point ingrate, nous allons achever de le démontrer.

VIII

Le Magnétisme animal éclairé par la Métallothérapie

CONDITIONS DANS LESQUELLES LES PHÉNOMÈNES QUI S'Y RATTACHENT SONT SEULEMENT POSSIBLES

En l'année 1853, l'Académie des sciences de Milan mettait au concours la question suivante :

« Dire les applications vraiment utiles pour la physiologie, la pathologie et la thérapeutique que l'on peut attendre de l'étude entreprise sur les phénomènes désignés sous la dénomination de magnétisme animal. »

Nous répondîmes à cet appel. Sous l'épigraphe *Quœrite et invenietis,* nous débutions ainsi qu'il suit :

Lorsque l'auteur de ce travail eut connaissance, il y a huit mois seulement, du programme tracé par l'Académie des sciences de Milan pour le concours de l'année 1854, il se sentit, en quelque sorte, pénétré d'une reconnaissance personnelle pour cette illustre Compagnie qui n'avait pas craint de risquer de se compromettre aux yeux de ses savantes sœurs, en évoquant la question du magnétisme animal. Croyant avoir en ses mains tous les matériaux nécessaires pour répondre convenablement à cet appel, il se traça aussitot tout un vaste programme qui, non seulement lui paraissait digne de la Compagnie son inspiratrice, mais dont l'exécution devait lui permettre d'acquitter une grande dette de reconnaissance qu'il a contractée envers le magnétisme, les pages qui vont suivre en témoigneront. Malheureusement le temps lui a manqué pour réaliser ce programme en toutes ses parties, et aujourd'hui il se voit forcé de ne répondre que partiellement à l'appel de l'Académie. Cependant il espère deux choses :

prouver, d'une part, que les phénomènes magnétiques sont susceptibles d'applications fructueuses en médecine, que leur étude peut devenir même le point de départ de découvertes fécondes et, par là, fournir l'appoint d'une pièce non sans valeur pour la révision du procès fait à Mesmer et à ses continuateurs, et, d'autre part, démontrer que ces phénomènes obéissent à de certaines lois, qu'ils ont un terrain commun sur lequel on peut être certain de les rencontrer et que ce terrain la métallothérapie permet de le reconnaitre en même temps qu'elle peut fournir à l'expérimentateur les moyens de n'avoir rien à redouter de son inexpérience première. »

Suivaient deux mémoires, inédits tous deux, intitulés, l'un, *Les métaux éclairés par le magnétisme* et, l'autre, *Le magnétisme éclairé par les métaux*. Nous avons fait connaître le contenu du premier mémoire dans les pages qui précèdent; nous allons faire de même sommairement pour le deuxième.

Lorsqu'on parcourt les principaux ouvrages qui traitent de la question du magnétisme animal, on est frappé de ceci : que les auteurs y gardent le silence sur la détermination précise des cas auxquels convient ce mode de traitement, et ne donnent que des notions très approximatives sur les signes auxquels on peut reconnaitre d'avance qu'un sujet est doué ou non de réceptivité magnétique, laissant croire, s'ils ne le disent point catégoriquement, qu'il n'est personne qui ne soit magnétisable, au moins à un certain degré. Il y a dans ce silence une lacune des plus regrettables, lacune qui n'a point peu nui à la diffusion du magnétisme parmi les savants. Comment, en effet, avec le meilleur vouloir, trouver ici la vérité? Comment ne pas craindre de se compromettre, au milieu du scepticisme des uns et des railleries des autres, en la cherchant à tort et à travers, et comment surtout se défendre contre les mystificateurs?

Il est vrai qu'en médecine les lacunes de cette nature ne manquent point non plus. Où sont, par exemple, les témoignages d'efforts pour arracher la thérapeutique à tous les tâtonnements et à tous les hasards de l'empirisme, qui eurent si souvent pour conséquences fatales le scepticisme chez le médecin et le découragement chez le malade, quand la fortune ne vient pas corriger la somme des échecs nés de l'ignorance de l'appropriation du remède à l'idiosyncrasie tout autant qu'à la maladie ?...

Obéissant à la même inspiration qui nous avait fait rechercher en métallothérapie les moyens de faire concorder la double indication qui est le corollaire de ces deux facteurs, nous avons recherché l'idiosyncropie magnétique et les conditions pathologiques dans lesquelles le magnétisme peut trouver seulement son application.

Nous nous sommes d'autant plus attaché à le faire que, dès nos premiers pas dans la voie du prosélytisme auquel tout néophyte se croit obligé, nous n'avions point tardé à apprendre trop souvent à nos dépens : que le terrain n'est ici rien moins que sûr, même quand il ne s'agit que de reproduire des phénomènes d'ordre purement physique ; que le succès des expériences, qui sont le plus demandées, dépend toujours de nombre de conditions délicates dont une seule, faisant défaut, peut y mettre obstacle absolument de même que l'absence d'une seule de ces trois choses, air, lumière et eau, empêche toute germination ; qu'un seul échec suffit pour faire oublier cent succès et renverser complètement cette proposition : Qu'un fait ne prouve ni pour ni contre; que les expériences les mieux réussies peuvent bien éveiller la curiosité des savants incrédules et susciter même parfois leur bienveillance, mais qu'elles n'en ont jamais convaincu, ni ne peuvent en convaincre aucun par cette raison que les phénomènes magnétiques, surtout ceux qui sont les plus recherchés, ne peuvent être prouvés rigoureusement que par soi-même.

Aussi très convaincu de bonne heure qu'il n'y avait qu'un seul moyen de faire avancer la question, celui d'indiquer la voie à suivre pour que chacun puisse voir par lui-même, *fara da se*, suivant la fameuse devise italienne, avons-nous recherché ce moyen et, après l'avoir trouvé, adopté pour règle de conduite à peu près invariable de laisser les incrédules qui ne veulent se donner aucune peine pour s'éclairer personnellement persister en leurs dénégations, et de ne jamais plus nous risquer dans des aventures dont plus d'une fut poignante (1).

Nous avons vu précédemment : 1°, à propos de la malade de Robert, Clémentine, que le cuivre ramenait la sensibilité chez un sujet endormi magnétiquement, puis le réveillait tandis que d'autres métaux ne faisaient rien.

2° A propos de celle de M. Maisonneuve que les armatures de cuivre pouvaient, non seulement réveiller, mais aussi faire cesser tous les accidents consécutifs au magnétisme ;

3° A propos de Picardel, d'une deuxième malade de Cochin et de l'une des hystériques de la Salpêtrière, Lhoste, que le magnétisme ne semblait se produire que dans cette condition : d'une part, un état pathologique marqué par de l'anesthésie et de l'amyosthénie, et, d'autre part, le retour de la sensibilité et de la force par l'application du cuivre ;

4° A propos de Sylvain, sensible au fer, et qui avait été magnétisée en vain à la Pitié, que la sensibilité du fer excluait la sensibilité magnétique.

Il y avait en tout cela bien des choses à vérifier. C'est ce que nous fîmes sur différents sujets et cela nous conduisit à ajouter à notre thèse inaugurale la page suivante :

« Il résulte d'un grand nombre de tentatives que nous avons faites, depuis bientôt quatre années, pour arriver à donner, à l'aide des métaux, un caractère scientifique aux phénomènes physiques du magnétisme animal, ceux qu'on se plait généralement à reconnaître, cette première loi importante

(1) En 1851, il nous arriva en ce genre une mésaventure cruelle, précisément dans le service de Robert. Le célèbre chirurgien de Beaujon avait reçu dans ses salles un enfant, d'une douzaine d'années, pour lequel l'amputation de Chopart devrait être pratiquée. Cet enfant était somnambule de naissance, nous l'avions magnétisé antérieurement avec un plein succès à l'hôpital des Enfants, sur l'invitation de Guersant. Robert l'ayant appris de l'un de ses élèves, voulut donner un pendant à l'opération pratiquée par M. J. Cloquet à la faveur de l'anesthésie mesmérique, Il nous écrivit donc à cet effet.

Nous nous rendons un matin à Beaujon et, au milieu d'une nombreuse assistance très curieuse de ce qui allait se passer, nous nous mettons à magnétiser le malade. Mais, cette fois, rien absolument ne fut obtenu et, au bout de trois quarts d'heure d'efforts soutenus, nous dûmes, accablé de fatigue et rouge de confusion, faire place à l'anesthésie par l'éther. La leçon était rude, mais elle ne fut point perdue ; ce fut, en effet, la dernière.

que nous nous faisons un devoir de faire connaître à tous ceux qui aiment la vérité, mais qui n'ont jamais su, en magnétisme, où et comment la trouver :

» Un homme ou une femme, une jeune fille ou un jeune garçon est éminemment propre à présenter les effets de ce qu'on a appelé le *magnétisme animal* ;

1o Lorsqu'il est affecté d'anesthésie ou d'amyosthénie ;

2o Lorsqu'il est sensible à l'action du cuivre.

« Plus la sensibilité et la motilité sont altérées, plus elles reparaissent vite par l'application de ce métal, plus l'action magnétique se manifeste rapide et complète. Dans ces conditions, il n'est presque personne qui ne soit capable de la produire, au moins à un certain degré.

» Pour se mettre à l'abri de toute crainte, avoir toujours à sa portée une armature de cuivre qui, si nous pouvons ainsi dire, anti-magnétique au suprême degré, sert merveilleusement à prévenir ou à faire cesser tous les accidents et à ramener le malade à son état naturel, lorsque le magnétiseur, a cessé de veiller auprès de lui (par les mains du premier venu ou du malade lui-même). »

Et après avoir dit que nos expériences magnétiques avaient été faites à Cochin, à Beaujon, à Necker, à Saint-Antoine nous ajoutions ces paroles dont l'attitude de la Société de Biologie dans la question de l'hypnotisme, soulevée dans son sein par M. Dumontpallier, a été une nouvelle justification :

« Que dans les questions les plus délicates, les plus dangereuses même, *avec de bons esprits pour juges*, on peut toujours se conduire et agir de telle sorte que l'on n'ait jamais à regretter d'y avoir laissé quelque chose. »

Restait cette proposition que nous avions réservée, savoir : Que malgré que le sujet soit anesthésique et amyosthénique au plus haut degré, il est insensible au magnétisme s'il répond au fer ou à l'acier et non au cuivre, *mais peut être encore sensible à l'hypnotisme*, nous l'apprîmes depuis.

Lorque nous tenions ce langage, en pleine Faculté et devant un quatrième juge, le professeur Velpeau, qui ne put nous en punir que par ces paroles : « *que nous passerions notre vie à poursuivre une chimère*, » et qui, ironie amère du sort, devait, quelques années après, porter, en compagnie du docteur Azam, le cousin germain du magnétisme, tout au moins, à l'Académie des sciences, sous le vocable d'hypnotisme, nous avions déjà par devers nous un chiffre respectable de faits pour le justifier.

Mais bientôt, la métallothérapie ayant été invitée à aller faire ses preuves à Londres, nous pûmes y en ajouter nombre d'autres, recueillis à l'infirmerie Mesmérique' fondée, dans Bedford-Square, par John Elliotson au grand scandale des plus célèbres *physicians*, ses collègues de la vieille Angleterre. Nous possédions déjà, en 1853, 82 observations circonstanciées que nous fîmes figurer dans notre deuxième mémoire.

Ces observations se décomposent ainsi qu'il suit.

A. 45 sujets névropathes des deux sexes (20 hommes et 25 femmes) frappés d'anesthésie ou bien d'analgésie, de parésie ou d'amyosthénie.

Sensibilité Cuivre : sensibilité magnétique au même degré Une seule exception chez un homme (Obs. 9•)).

De plus, 2 sujets (1 h. et 1 f.) étaient aussi sensibles à l'or.

B. 33 sujets (16 hommes et 17 femmes. dans les mêmes conditions pathologiques qu'en A.

Sensibilité Acier : sensibilité magnétique nulle.

C. 4 sujets (4 femmes) mêmes conditions qu'en A et B.

Sensibilité Argent : sensibilité magnétique nulle.

D. Des sujets (nombre indéterminé), parmi lesquels une dizaine d'épileptiques des deux sexes.

Ni Anesthésie ni Amyosthénie: sensibilité magnétique nulle.

E. Quelques sujets de la catégorie D sont magnétisés avec persistance : les uns continuent à résister, tandis que les autres finissent par être endormis. A ce moment, nous constatons que ces derniers sont devenus plus ou moins aresthésiques, que leur santé est toute troublée et que, d'autre part, ils répondent au cuivre et jamais au fer ou à l'acier.

Nous supendons les magnétisations : l'état nerveux disparaît et, au fur et à mesure qu'il en est ainsi, la sensibilité et la mitilité sont les premières à retourner vers l'état normal.

F. Une dizaine de sujets, dont Picardel, une malade de M. Nonat, une autre d'Horteloup (père), deux dames, R..... et E....., qui nous avaient été adressées par M. G. Monod, anesthésiques et amyosthéniques et, de plus, sensibles au cuivre, sont traitées par le magnétisme et la guérison s'opère comme par la métallothérapie. Nous observons, en outre, qu'à mesure que la sensibilité et les forces musculaires se rétablissent, nous mettons plus de temps à obtenir le sommeil magnétique. Une fois la guérison apparente obtenue chez deux de ces malades, l'anesthésie post-magnétique ne peut plus être obtenue et la sensibilité métallique s'est eclipsée.

G. Tous les sujets magnétiques, sans exception, sont réveillés par l'application d'une armature en cuivre et, chez tous, le même moyen suffit pour faire cesser sûrement tout accident post-magnétique, de telle sorte, qu'une fois les malades endormis, nous pouvons nous retirer, laissant à ceux qui les entourent le soin de veiller sur eux et de les réveiller.

Un fait, entre cent, pour montrer quelle est ici la puissance du cuivre.

Un jour qu'Elliotson nous faisait les honneurs de son infirmerie, en compagnie de plusieurs personnes notables, dont le docteur Ashburner, le traducteur et commentateur du livre de Reichenback, *On the vital force,* qui avait osé aussi embrasser publiquement la cause du Mesmérisme, on nous présenta un gentleman, d'une quarantaine d'années environ, qui, en regardant fixement un point dans l'espace, avait, ainsi que la fameuse pythonisse de Delphes, le don de se plonger dans le sommeil *Mesmérique*, disait à tort Elliotson, — le mot hypnotique eut été ici véritablement à sa place, — et n'avait jamais pu en être tiré par personne autre que lui-même.

Invité à se mettre en crise, M. X..... le fit de bonne grâce.

Lorsque l'état hypnotique parut arrivé à son apogée et que, les bras tendus vers le ciel, M. X... semblait se livrer à quelque invocation suprême, nous sortons de notre poche deux larges bracelets en cuivre bivalves et, sans mot dire, nous les appliquons, un à chaque bras, sur les manches de l'habit. Alors on vit, peu à peu, les bras se détendre, puis tomber pendants le long du corps, les globes des yeux, convulsés en haut, s'abaisser, le corps s'assouplir, etc., et, finalement, M. X... revenir à son état ordinaire.

Nous nous rendîmes ensuite plusieurs fois à l'infirmerie de

Bedford Square, muni de notre dynamomètre, d'une aiguille — nous n'avions point encore fait construire notre esthésiomètre — et de bracelets, les uns en cuivre, les autres en acier. Nous y passâmes en revue différents malades des deux sexes qui venaient s'y faire traiter (l'infirmerie ne recevait que des externes) et, sans le moindre renseignement, nous pûmes préciser ceux qni dormaient et ceux qui ne dormaient point.

En résumé : la notion précise des conditions pathologiques expresses, plus celles de l'idiosyncrasie dans lesquelles la magnétisation est, non seulement possible, mais certaine ;

Un procédé certain pour se dispenser de veiller sur les sujets endormis, pour les réveiller sûrement et combattre de même, au besoin, tout accident né du traitement lui-même ;

Une démonstration, *hic* et *nunc*, de la vérité des effets physiques au moyen de cylindres de différents métaux ou de subtances autres que du cuivre, de même calibre et du même poids, les uns démagnétiseurs et les autres non ;

Une étude sévère de tous les phénomènes et l'application de la méthode expérimentale à cette étude, pour ceux de ces phénomènes qui pouvaient s'y prêter ;

Voilà comment la Métallothérapie acquitta la dette qu'elle avait contractée envers le magnétisme animal; voilà, en résumé, le travail qui nous valut de la part de l'Académie des sciences de Milan une mention des plus flatteuses.

Il nous reste à rendre à la cause du mesmérisme un autre service, celui d'y faire la part du faux et du vrai, de séparer le bon grain de l'ivraie, de montrer comment le magnétisme peut guérir, mais aussi comment sa pratique expose à des dangers très réels de plus d'une sorte, comment ceux qui vivent du somnambulisme opèrent pour tromper fatalement tout naïf.

C'est ce que nous ferons une autre fois, si la Société de Biologie veut bien nous le permettre et nous pardonner de l'avoir entretenue si longuement. Si nous avons agi ainsi, c'était pour faire l'indispensable et n'avoir point à y revenir.

LE BURQUISME ET LE PERKINISME

LA MÉTALLOTHÉRAPIE

DEVANT LE « NOUVEAU NYSTEN »

Le Burquisme et le Perkinisme

LES MARTIAUX ET LA MÉDICATION POLYMÉTALLIQUE DANS LA CHLOROSE

Il y aura tantôt cinq années, M. le professeur Charcot faisait sur la métalloscopie et la métallothérapie la leçon magistrale dont nous avons parlé. Après avoir dit longuement ce qu'elles étaient l'une et l'autre, le maître ajoutait :

« Tous ces faits comme l'idée théorique qui les relie entre eux appartiennent à M. Burq, d'où le nom de BURQUISME que l'on commence, *et c'est justice*, à employer comme synonyme de métallothérapie. »

Cet acte de justice, qui en avait été le promoteur ? Quel était celui qui, le premier, avait prononcé le mot de Burquisme ? M. Rabuteau, c'est lui-même qui est venu le rappeler hautement devant la Société de Biologie. Mais notre versatile confrère avait à peine revendiqué ce parrainage que, sans se défendre d'y avoir ajouté encore en votant les conclusions des deux rapports de M. Dumontpallier, il le répudiait tout aussitôt par des paroles comme celles-ci :

« Que le Burquisme ne lui avait rien appris que le Perkinisme ne lui eût déjà enseigné; qu'une seule chose nouvelle en était sortie, le *transfert*, et que c'était à M. Régnard que la découverte en revenait ! ! »

La métallothérapie ne pouvait échapper au sort commun à toutes les découvertes. Pendant plus d'un quart de siècle elle fut niée ; hier nous étions obligé de la défendre contre des revendications ne tendant à rien moins qu'à nous en dépouiller au profit de A. Despine, ancien médecin des eaux d'Aix en Savoie ; et voici aujourd'hui M. Rabuteau qui vient dire qu'elle ne contient rien de nouveau et que notre seul mérite c'est la ténacité avec laquelle nous avons défendu des faits déjà acquis.

Nous eussions voulu pour M. Rabuteau lui-même, pour la part de reconnaissance que nous lui devions, qu'il eût laissé à un autre le soin de donner à la métallothérapie cette dernière consécration. Pour nombre de raisons, nous estimons même que l'inventeur des *Dragées* et de l'*Elixir* que l'on sait eut mieux fait de ne pas prendre l'initiative de pousser le cri d'alarme, au nom de tous ceux que menace la métallothérapie dans la culture si fructueuse du champ de la *Ferromanie.*

Mais puisque notre confrère en a décidé autrement, puisqu'il n'a pas craint de se donner un démenti à lui-même en même temps qu'il infligeait implicitement un blâme à toute la Société de Biologie, et à son illustre président en particulier, pour les récompenses tardives décernées à nos travaux, cela nous met à l'aise pour dire la cause véritable de ses dénégations aussi tardives qu'inattendues. M. Rabuteau nous avait, du reste, donné un avant-goût de sa manière, dans une précédente séance, en se taisant absolument sur nos nombreuses recherches, à partir de l'année 1852, et sur les expériences que nous fîmes plus tard, bien avant M. Galippe, en collaboration avec un de ses maîtres, M. le Docteur Ducom, à l'effet d'établir, d'une part, l'inanité de la colique *dite de cuivre* et, d'autre part, la non toxicité des composés du cuivre aux doses où jusqu'alors on les avait crus éminemment vénéneux.

Parlons donc un peu du Perkinisme, puisque nous y sommes contraint.

Nous nous sommes reporté aux traités de thérapeutique de Schwilgué et d'Alibert, invoqués par M. Rabuteau, et nous n'y avons trouvé rien autre que ce que tout le monde connaît et qu'avaient si bien dit Percy et Laurent, dès 1819, c'est-à-dire à une époque assez proche des hauts faits de Perkins pour qu'ils n'en pussent rien ignorer. Voici ce que ces auteurs ont écrit dans le tome 40, page 529, du Grand Dictionnaire :

« Perkinisme... Deux aiguilles d'un métal différent, l'une de couleur jaunâtre qui paraît être de laiton et l'autre d'un blanc bleuâtre qui est de fer blanc non aimanté. Ces aiguilles (d'un décimètre de longueur, dit Schwilgué et seulement de deux et demi d'après Alibert), ont une extrémité arrondie (de 7 mm. de diamètre suivant Schwilgué, tandis que l'autre est pointue. Le docteur Perkins promenait la pointe de ces deux aiguilles (liées ensemble) sur les parties du corps où les malades éprouvaient de la douleur et quelquefois même dans le voisinage jusqu'à production de phlogose dans le système dermoïde. On mit à contribution pour la confection des aiguilles tous les métaux et différents végétaux (on en fit même en ivoire, en os et en ardoise), et chacun s'évertua pour donner à cet agent thérapeutique un degré d'efficacité qui devait remplacer tous les moyens thérapeutiques en vogue. » Suit une courte critique et c'est tout.

Ainsi donc, association du fer et du cuivre et chances, par conséquent, d'annuler l'action de l'un par l'autre, ces deux métaux étant respectivement neutres ; emploi toujours des mêmes métaux sur tous les individus et dans tous les cas indistinctement ; application et quelquefois présentation seulement des tracteurs par leurs pointes, uniquement en vue de combattre *hic* et *nunc* spasmes ou névralgies ; voilà tout le Perkinisme ! Voilà ce que M. Rabuteau vient affirmer si tardivement être tout le Burquisme ! Voilà tout ce dont se serait occupée si longuement la Société de Biologie !......

En vérité, Messieurs, est-ce bien sérieux ? Et M. Rabuteau, en soutenant une semblable thèse, ne s'est-il point grandement exposé à ce qu'on le soupçonnât de ne jamais avoir même lu les rapports dont il a, lui aussi, voté les conclusions, il l'a confirmé tout récemment devant nous-même ?

Où sont, en effet, exposés dans son propre traité de thérapeutique aussi bien que dans Alibert et Schwilgué les effets physiologiques des métaux en applications, qui ont été de notre part l'objet d'une si longue étude ?

Où sont les observations établissant que dans les affections justiciables des métaux ce qui domine ce sont toujours les troubles périphériques et que c'est à eux surtout que l'on doit s'adresser, sous peine de ne faire que de la médecine palliative ?

Où sont les idiosyncrasies métalliques ? Ou est la preuve que Perkins ait seulement soupçonné l'existence de ce réactif, l'anesthésie et, à son défaut, l'amyosthénie, dont le burquisme a su tirer un si grand parti pour reconnaître ces idiosyncrasies et mesurer sur l'heure les effets thérapeutiques, non seulement des métaux, mais d'un traitement quelconque ?

Où est la métalloscopie ? Où est cette loi si féconde qui permet de conclure de l'action externe d'un métal à son action interne et réciproquement ?

Où est la métallothérapie interne ? Où sont les faits et la doctrine sur lesquels celle-ci est fondée aussi bien que la métallothérapie externe, et ne faut-il point plus que de la complaisance pour voir cette dernière même poindre dans les tracteurs de Perkins accusés, non sans quelque raison, de n'agir que sur l'imagination, puisque leur confection vicieuse devait, dans la majorité des cas, détruire les effets possibles de chaque métal, employé isolément, puisqu'on les avait vus agir même à distance et qu'il fut possible d'obtenir les mêmes effets avec des tracteurs nullement métalliques ?

Mais, puisque la métallothérapie était si parfaitement connue, pourquoi, ainsi que l'a dit M. le professeur Bouley, « pendant trente années sa découverte ne nous fût-elle jamais contestée ; pourquoi *fûmes-nous traité de fou* », comme l'a ajouté M. le professeur Grimau, lors de la verte réplique que s'est attirée M. Rabuteau dans la séance du 1er juillet ?

Si M. Rabuteau avait bien voulu se donner la peine de nous lire, il aurait, sans remonter jusqu'à la thérapeutique de Schwilgué, qui date de 1805, trouvé dans différentes de nos publications de bien autres antériorités que le perkinisme, et il aurait vu combien, en présence d'une incrédulité que nous ne pouvions parvenir à vaincre, nous nous évertuâmes à trouver à la métallothérapie des ancêtres.

Voici, par exemple, notre traité sur la métallothérapie de 1853. Il contient tout un chapitre spécial sur l'*historique* des *différentes applications de métaux en médecine* qui débuteainsi :

« Il y a déjà plusieurs siècles que l'usage externe des métaux occupe une certaine place en médecine, mais comme il est souvent dans nos destinées de marcher bien longtemps à côté de la VÉRITÉ, sans même soupçonner sa présence, ces agents sont toujours passés inaperçus sous divers déguisements. »..

Suit une énumération, avec nombreux commentaires, des

anneaux constellés de Paracelse, des *baignoires de cuivre* de Pomme, des *armures d'aimant*, du *perkinisme*, de *l'acupuncture*, des *appareils dits magnétiques, galvaniques et électriques* de toute sorte, des *pratiques populaires* — applications diverses du *fer*, de *l'acier*, de *l'or* et du *cuivre* sous *différentes formes* — de diverses guérisons consignées dans la science.

Parlant des anneaux de Paracelse qui, on le sait, étaient tantôt en or, tantôt en argent, tantôt en fer, en cuivre, en étain et en plomb, suivant que le *constellé* était censé sous l'influence du soleil, de la lune, de Mars, etc., nous disions : « Si Paracelse eût possédé à un moindre degré les superstitions de son époque, il est fort à présumer qu'il ne nous aurait point laissé à découvrir les différentes aptitudes métalliques qui furent toutes si bien sous sa main dans ses anneaux. »

Nous expliquions ensuite, comme nous l'avions déjà fait dans notre thèse inaugurale (p. 57 et suivantes), pourquoi, suivant nous, malgré des succès incontestables, les aiguilles de Perkins, celles à acupuncture et tous les appareils ou objets qu'on avait décorés du titre de magnétiques, galvaniques et électriques étaient tombés dans l'oubli ; pourquoi les bains prolongés ne donnaient plus aussi souvent les résultats que Pomme en avait certainement obtenus, etc.

Nous avions donc fait la part de Perkins comme de tous ceux dont le nom avait pu venir à notre connaissance, et cela d'autant plus volontiers, qu'en obéissant ici au sentiment de la justice dont nul plus que nous ne fut imprégné, parce que personne n'a eu à souffrir davantage de sa violation, nous augmentions d'autant les chances de vaincre enfin l'incrédulité qu'avaient rencontrée toutes nos expériences.

Pourquoi maintenant M. Rabuteau pense-t-il tout autrement qu'il ne le faisait il y a quatre années? Pourquoi vient-il, lui aussi, nier à cette heure la métallothérapie, après l'avoir acclamée avec tous ses honorables collègues de la Société de Biologie? Pourquoi voudrait-il mettre le Burquisme sur le même rang que le Perkinisme oublié aujourd'hui ?

Etant bien connues, d'un côté, les prédilections de M. Rabuteau pour les martiaux et, de l'autre côté, la guerre sans trêve ni merci que leur fait la métallothérapie avec ses succès par le cuivre, l'or, le zinc, etc., dans les cas sans nombre où le fer, administré sous toutes les formes et à toute dose, échoue absolument, il ne sera point difficile de trouver la réponse.

Quant à nous, afin que cette discussion ne soit point stérile, nous résumerons toute notre pensée dans les propositions qui vont suivre, à la satisfaction, nous l'espérons, des cliniciens.

1° La théorie directement reconstituante du fer dans l'aglobulie, est un vieille hérésie chimiâtrique qui n'a encore sa raison d'être que dans les idées surannées de ceux qui ont négligé d'y regarder de près, et surtout dans la ténacité des intéressés, et ils sont légion, qui ont su trouver ici la solution pratique du problème de la transmutation des métaux.

2° Il n'est point vrai, comme ces derniers le prétendent, que le fer soit une sorte de panacée dans la chlorose ou l'anémie ; le zinc, le cuivre, l'or, l'argent, etc., et le platine lui-même, si complètement inconnu hier encore comme remède, agissent absolument de la même façon et dans les mêmes cas ; tous n'ont point d'autre effet que d'ouvrir la porte aux aliments, seulement le fer est le métal qui ouvre cette porte plus souvent qu'aucun autre.

3° L'action de tel ou tel autre métal, *intus* comme *extra*, dépend exclusivement de l'idiosyncrasie.

4° Quand le fer est approprié, toutes les préparations martiales se valent et la plus simple, telle que la limaille de fer ou le fer réduit, est encore la meilleure, parce que l'estomac n'en prend que ce qui lui convient et que l'organisme a peu à faire ensuite pour se débarrasser du reste.

5° Lorsque le fer ne correspond pas à l'idiosyncrasie, il devient un ennemi, et tous les efforts de la pharmacie moderne, pour arriver à mieux, n'ont eu d'autre résultat que de le rendre alors moins nocif.

6° La métalloscopie, jetant des clartés inespérées dans le dédale de la thérapeutique par les métaux, permet de reconnaître sûrement, dans la majorité des cas, quel est celui qu'il faut administrer ou appliquer.

(Extrait de la séance du 8 juillet 1882).

Post-Scriptum

L'INTRANSIGEANCE DANS LA SCIENCE
LA MÉTALLOTHÉRAPIE DEVANT LE NOUVEAU NYSTEN.

Au moment de clore ce travail il nous arrive, dans notre solitude, plus que jamais attristée par la maladie contre laquelle nous luttons depuis si longtemps, une information qui montre que la Science a elle aussi ses intransigeants, et nous apprend que, parmi ses plus hauts représentants, il en est qui n'ont point encore pu se résigner à désarmer sur la question de la métallothérapie. Voici à quelle occasion et en quels termes cette nouvelle nous est donnée.

Fort de l'émotion que notre découverte avait suscitée partout dans le monde savant, des nombreux travaux dont elle a été le point de départ, des réformes thérapeutiques qui en sont nées, etc.;

Fort des récompenses que nous avaient décernées la Société de Biologie, l'Académie de Médecine, la Faculté et un ancien ministre de l'Instruction publique dont la Science s'honore à tant de titres, nous avions, l'année dernière, posé de nouveau notre candidature pour les prix de médecine et de chirurgie à l'Académie des sciences. Il nous semblait d'autant plus difficile que, cette fois, une justice tardive ne nous vînt point aussi du côté de cette savante Compagnie que déjà, en 1878, elle avait honoré nos travaux d'une citation, et que, deux années plus tard, MM. les professeurs Milne-Edwards, Bouley et Marey s'étaient prononcés en notre faveur dans le Concours de 1880. Mais nous avions compté, il paraît, sans l'intransigeance de certains de ses honorables membres, car voici ce que nous écrit une main amie, à la date du 3 janvier :

« ...Quant au prix Montyon, il paraît que la séance a été orageuse au sein de la commission. Le rapporteur, ami de votre candidature, n'a point ménagé les arguments. Mais le gain de la bataille est resté *aux ennemis*.

« Ont voté pour vous : MM. Pasteur, Paul Bert et Bouley, et les autres commissaires (au nombre de 4 seulement, dont MM. Robin et Vulpian), contre vous.

« Ne prenez point souci de ce déni de justice. Quant on a pour soi les noms que je viens de vous citer, on a la VRAIE VICTOIRE... Courage donc ! »

L'histoire des origines de la métallothérapie en appelait une autre, celle de sa longue odyssée. Mais, parlant devant la Société de Biologie, nous avons cru devoir ne pas l'aborder, par la raison que, parmi ses plus anciens membres titulaires, il en est trois qui ont joué un grand rôle dans toutes les péripéties que le Burquisme a eu à traverser et qui paraissent encore vouloir y ajouter. Un jour, il nous sera donné peut-être de combler cette lacune. Nous mettrons alors toutes choses bien en lumière. Nous dirons quels arguments ont encore fait valoir les ennemis, dont parle notre correspondant, pour empêcher *à la majorité d'une voix*, l'Académie des Sciences de s'associer complètement aux suffrages de ses savantes sœurs, et de rayer enfin notre nom de la liste de tous les inventeurs qu'elle a méconnus. Nous montrerons quels intérêts peu scientifiques, quelles rancunes le manteau de la Science sert parfois à pallier, et comment il arrive de voir les prix fondés par de généreux donateurs détournés de leur affectation spéciale.

En attendant, comme nous n'avons, hélas ! que de trop impérieuses raisons pour ne plus tarder à faire le plus urgent, nous allons détacher de l'histoire du Burquisme, actuellement en préparation, la page si édifiante qu'on va lire. Ce n'est point pour savourer un plaisir cher aux dieux, ni pour protester contre des votes dont nous n'avons point à connaître que nous l'avons écrite. Ces votes viennent, d'ailleurs, d'être virtuellement infirmés par les hommes les plus éminents, et notre reconnaissance, notre profond respect pour ces juges impartiaux nous ordonneraient au besoin de garder le silence. Ce que nous voulons, ce qui est notre droit absolu, ce qui est même notre devoir, c'est de faire voir à quelles inavouables manœuvres, à quelles compromissions vis-à-vis de soi-même peut conduire l'intransigeance scientifique ; c'est d'atténuer un mal contre lequel nous ne pouvons plus rien, puisqu'il appartient au passé, en prémunissant nos confrères contre les articles *métallothérapie* d'un ouvrage, depuis longtemps dans toutes les mains, qui ne pouvaient point ne pas avoir pour conséquence d'empêcher un nombre incalculable de malades de bénéficier d'une méthode qui a rendu de signalés services à tant d'autres.

Les tristes révélations qui vont suivre pourront bien soulever des colères et accentuer l'hostilité qui s'est traduite contre nous sous tant de formes. Mais, outre que ce sont là des considérations qui jamais ne nous empêchèrent de suivre toujours droit notre chemin, et qui, au point où nous en sommes arrivé maintenant, sauraient moins encore nous émouvoir, le lecteur, que nous avons été assez heureux pour rendre sympathique à une cause qui nous est commune avec tant d'autres victimes de la routine et des préjugés, se réconfortera, lui aussi, chemin faisant, devant cette pensée consolante que, dans les hautes sphères de la Science, sont maintenant plus rares les hommes aveuglés par l'orgueil des positions acquises jusqu'à être inaccessibles à toute idée qu'ils n'ont point inspirée, jusqu'à perdre le sentiment de la justice.

En 1855, paraissait la première édition du *Nouveau Nysten*. Parlant de la métallothérapie, voici ce que disait cet ouvrage :

« *Métallothérapie*, s. f. — Nom donné à un mode de traitement des affections du système nerveux et des accidents nerveux dans le cours de diverses maladies ; traitement reposant sur la fausse hypothèse d'un fluide nerveux analogue au fluide électrique, et dont l'action serait modifiée par des applications métalliques à l'extérieur et par l'emploi des préparations de cuivre à l'intérieur. La métallothérapie n'a pas plus d'efficacité que l'homœopathie. (V. ce mot). Ce traitement, *qu'on a* divisé en préservatif et en curatif, consiste à s'entourer d'une sorte d'atmosphère métallique à l'aide: 1o D'une ceinture de petites plaques ou médailles de cuivre ou de laiton, 10, 20, 30 ou 40, suivant les âges, que l'on portera nuit et jour, tantôt sur la poitrine et tantôt sur le ventre, à diverses hauteurs ; pour éviter de fatiguer la peau (*armatures métalliques*) ;

2º D'une longue chaîne, ou bien de larges bandes ou plaques des métaux précédents, plus des diverses qualités d'acier, que l'on se roulera chaque jour, tout autour du corps, entre le linge et les habillements (chaînes métalliques). » (V. p. 835).

Trois années après, nouvelle édition et même description.

La lecture de cet article, aussi insolite par la forme que par le fond, dans lequel *on* avait pris la place de notre nom, produisit en nous une explosion de sentiments dont la nature et l'acuité se comprendront sans peine, surtout si nous ajoutons que l'un des signataires de l'article, M. le professeur Robin, était un de nos anciens camarades et que, depuis qu'avait commencé sa haute fortune scientifique, par son attitude il n'avait cessé de nous manifester à toute occasion qu'il s'en souvenait. Mais bientôt, à raison même de ce passé, il s'opéra dans notre esprit une réaction qui se traduisit par ce raisonnement M. Robin, mal édifié sans doute sur les faits ou sur leur portée, a bien pu s'en référer à M. Littré, ou plutôt laisser faire, sans y regarder, un de ces comparses à gages qui sont si souvent employés dans la confection des ouvrages de librairie, car comment reconnaître dans ce factum le style si lumineux et la droiture de son éminent collaborateur ? Mais, qu'il ait osé sciemment pousser le mépris de toutes choses jusqu'à faire une caricature informe d'une œuvre parce qu'elle n'aurait point eu le don de lui plaire, jusqu'à fouler aux pieds des droits sacrés pour tous, ceux de la paternité de cette œuvre ; son passé, les sentiments libéraux qu'il professe, ceux qu'il nous a toujours témoignés attestent que cela est impossible.

Et ayant ainsi rasséréné notre âme, non sans un très grand soulagement, nous prenons notre thèse inaugurale, notre mémoire à l'Académie des sciences de 1852 et celui de MM. Salneuve et Liendon, dont la publication avait suivi de près dans la *Gazette médicale*, le mémoire que nous avions lu, l'année d'après, sur la Chlorose à la tribune de l'Académie de médecine, notre traité sur la métallothérapie, paru en 1853, etc., et nous allons frapper à la porte de M. Robin.

Notre visite ne fut pas sans causer d'abord une certaine surprise; mais, comme notre attitude n'était rien moins que celle d'un accusateur, M. le professeur Robin ne tarda point à se remettre. Il écouta avec calme nos doléances, quoique l'expression en fût un peu vive ; il ne prononça point une seule parole qui pût nous éclairer sur le véritable rôle qu'il avait joué en cette affaire ; si bien, qu'après avoir remis la brassée de documents précités dans les mains qui venaient à nouveau de serrer la nôtre, nous nous retirâmes bien convaincu que M. Robin n'était pour rien personnellement dans la rédaction de l'article qui nous avait tant ému, qu'il souffrait lui-même intérieurement du dommage immérité que nous en avions éprouvé et, qu'à la première occasion, il s'empresserait de faire de son mieux pour le réparer.

Cependant, voici venir d'autres éditions du NOUVEAU NYSTEN, — il en existe à cette heure cinq — et, malgré que de nouvelles observations, relevées par d'autres mains que les nôtres, se fussent produites à l'Hôtel-Dieu, à l'hôpital Sainte-Eugénie, aux Enfants, à l'hôpital Lariboisière, etc.; malgré que des maîtres comme Trousseau, par exemple, en eussent fait l'objet de leurs leçons ou conférences; malgré que la plupart des journaux de médecine, la *Gazette des Hôpitaux* en tête, eussent ouvert à deux battants leurs colonnes à ces observations; malgré que, dans la *Tribune médicale*, le regretté Marchal de Calvi eût protesté par des paroles indignées contre les arrêts sommaires édictés itérativement par cet ouvrage, toutes ces éditions de rerpoduire impertubablement dans les mêmes termes l'article de métallothérapie anonyme de 1855, avec la circonstance aggravante de ne pas prononcer davantage notre nom même à propos de la description des divers instruments, *dynanomètre, esthésiomètre*, etc., que nous avions introduits dans la pratique médicale, ou bien de l'y défigurer de façon à lui donner une apparence tudesque !

Il y eut pourtant dans la description de l'édition qui vint après la visite que nous avions faite à M. Robin, cette jolie variante : V. *Nouv. Dict. des Sciences médicales*, p. 1505.

Et pendant qu'il en était ainsi, pendant que le rédacteur de ce troisième article usait de ce procédé, que nous nous abstenons de qualifier, d'emprunter ce qu'il n'osait plus dire lui-même à un dictionnaire qui avait copié ses propres dires sur la métallothérapie, la main de M. Robin semblait aller plus que jamais à la rencontre de la nôtre, comme pour s'associer à la protestation des faits, qui allaient toujours se multipliant et nous exprimer le regret d'une sorte de *non possumus*.

Ce jeu à double face prit fin, voici à quelle occasion.

En janvier 1877 paraissait dans un grand journal politique une longue lettre adressée à M. Waddington, alors ministre de l'Instruction publique, où son auteur, M. Victor Meunier, témoignait en termes émus des expériences qui se faisaient en ce moment à la Salpêtrière et des aventures douloureuses qui les avaient précédées. Un exemplaire de cette lettre fut adressé à M. Littré.

L'illustre savant, qui avait, lui, l'âme trop haute pour hésiter un instant à reconnaître qu'il s'était ou plutôt qu'on l'avait trompé, nous fit sur l'heure la réponse suivante :

« Paris, le 10 février 1877.

« Je vous remercie de l'article de M. Meunier que vous m'avez fait envoyer. Je l'ai lu avec beaucoup d'intérêt Du reste, j'avais suivi avec attention les expériences de M. Charcot, relatées dans différents journaux de médecine, QUI VOUS DONNENT PLEINEMENT RAISON.

« Je vous félicite de ce succès, tout tardif qu'il est.

« Veuillez agréer, Monsieur, l'assurance de ma haute considération.

« É. LITTRÉ. »

Cette lettre, qui contenait implicitement un désaveu si formel et ne nous faisait déjà que trop voir quelle était la main qui nous avait frappé dans l'ombre si impitoyablement, nous remplit d'un sentiment de profonde vénération pour celui qui avait eu le courage de l'écrire. Toutefois, doutant encore, nous nous rendons de nouveau chez M. Robin, et, avec une émotion indicible, nous lui tendons la lettre de M. Littré.

Alors le masque tomba et la vérité se fit jour en ces termes.

« Eh bien, oui, c'est moi qui suis l'auteur des articles, et, si je les ai écrits, c'est parce que pour moi on n'est point médecin quand on ne sait pas ce que c'est qu'un courant électrique (*sic*) !... »

Et pendant que M. Robin proférait ces stupéfiantes paroles, sa figure était pourpre, son œil hors de l'orbite.

Comme pétrifié par un tel aveu, nous disons :

« Avez-vous bien réfléchi, Monsieur, à ce que vous venez de me dire et m'autorisez-vous à le répéter ? »

Et M. Robin de répondre :

« Oui, je vous y autorise ! ! ! »

On pourrait croire qu'après le désaveu et la leçon que venait de lui infliger M. Littré, M. le professeur Robin se mit à réfléchir et que, pensant tout au moins à l'arme que nous avions désormais entre les mains, il prit sur lui de mettre une prudente sourdine aux manifestations *publiques* de son intransigeance, quitte à reprendre en sous œuvre la métallothérapie par quelque autre procédé plus ou moins anonyme, par voter contre elle, par exemple, comme par le passé, quand elle affronterait un nouveau concours.

Il n'en fut rien. Voici comment, en effet, le Nouveau Nysten décrivait encore la métallothérapie dans sa dernière édition :

« *Métallothérapie, s. f. all. métallothérapie, ang. metallotherapy, espag. metalloterapia.* Traitement par les métaux. Nom donné à l'application externe de certains métaux, *fer, acier, cuivre,* en plaques, bracelets, anneaux, chaînes (*Armatures métalliques*) pour le traitement de diverses maladies ou symptômes nerveux. Ce procédé, renouvelé des pratiques astrologiques et cabalistiques anciennes, paraît encore plus que le traitement par les armatures magnétiques (V. *Aimant*) s'adresser à l'imagination des malades. » Et c'est tout !

Ainsi donc, trois lignes seulement d'une description fantaisiste, description écourtée à ce point sans doute pour l'expurger du fatras de ses devancières ; quatre lignes d'appréciations aussi erronées que malveillantes, plus trois noms synonymes, mais toujours pas le nôtre, comme s'il eût été indigne de sa plume, voilà, pour M. Robin, tout ce que valait encore la Métallothérapie, au moment où elle s'affirmait partout, où il s'écrivait sur elle des volumes, et où les physiologistes français, anglais, suisses, allemands, etc., etc., s'efforçaient de trouver la clé de phénomènes incontestés, comme celui du transfert, par exemple !

Et c'est de cette belle façon que M. Robin, qui n'a guère puisé, ce nous semble, que dans les leçons d'Auguste Comte, les droits qu'il s'arroge de régenter les choses de la médecine, pontifie dans le NOUVEAU NYSTEN. C'est par de semblables mystifications qu'il tient les lecteurs qui lui font confiance au courant de la science ! C'est par de tels procédés de justice distributive que M. Robin, qui représente au Sénat l'opinion libérale et l'idée de *Fraternité*, justifie, *le cœur léger*, les suffrages de ceux qui l'y ont envoyé ! Et c'est dans de telles mains que sont les récompenses académiques ; ce sont là les juges qui, dans les commissions des prix, peuvent faire échec à des collègues qui ont nom Pasteur, Milne-Edwards, Paul Bert, Bouley et Marey, soit que par l'appoint de leur voix ils fassent la majorité dans ces commissions si souvent émiettées par l'âge ou par la maladie, soit qu'ils entraînent les votes des neutres par leurs harangues passionnées, toutes les fois qu'il s'agit de faire triompher la candidature d'un collaborateur ou bien d'un ami, comme dans le concours de 1880, où l'on vit un professeur de la Faculté obtenir, pour des leçons déjà si grassement rétribuées par l'Etat, le prix que la minorité voulait attribuer à la métallothérapie !

Et pourquoi tout cela ? Pourquoi M. Robin trahit-il un ancien camarade qui, renonçant aux espérances qu'il lui était permis de concevoir s'il suivait les sentiers battus, a usé sa vie à découvrir de nouveaux horizons à la science et des voies nouvelles à la pratique médicale ? Pourquoi, quand il s'est agi de nos travaux, a-t-il toujours abusé sciemment les innombrables lecteurs du Nouveau Nysten ; pourquoi, s'il était de bonne foi, a-t-il persisté en ses prétentions à l'infaillibilité, même après qu'il eut été désavoué par Littré ?

Pourquoi, fondateur avec Rayer et Claude-Bernard de la Société de biologie, M. Robin s'est-il toujours évertué à infirmer son verdict sur la métallothérapie, en compagnie de M. le professeur Vulpian qui, comme lui, doit à cette Société sa première notoriété ?

Pourquoi les services que nous avions rendus avec nos

armatures, pendant les épidémies de choléra, ne purent-ils jamais trouver grâce devant la commission du prix Bréant, pas plus que cette enquête « *immense* » (*Vernois*), qui dure encore, sur l'immunité des ouvriers en cuivre par rapport aux maladies infectieuses, qui, en attendant mieux, a eu pour effet de donner conscience de leur préservation spontanée, pendant que règne le fléau indien, à des milliers d'individus qui travaillent le cuivre sous une forme ou sous une autre ; et pourquoi, tandis que cette commission passait sur nos innombrables recherches, M. Robin faisait-il attribuer un encouragement à un de nos adversaires qui n'y avait d'autre droit que d'avoir forgé une statistique minuscule pour infirmer la préservation cholérique que nous avions énoncée ?

Pourquoi l'heureux savant auquel une bonne fée, passant le Rhin, fit don d'un microscope à l'aurore de l'histologie, est-il devenu vis-à-vis de la métallothérapie un intransigeant jusqu'à en perdre le respect de lui-même ; pourquoi l'a-t-il toujours niée ou défigurée à plaisir, même quand des Sociétés savantes, la Faculté à laquelle il appartient, le gouvernement, l'opinion publique, et l'homme illustre qui a élevé à la langue française l'immense monument que l'on sait nous donnaient raison et semblaient lui crier : « *C'est assez* ; » pourquoi, enfin, chose plus grave, durant près d'un quart de siècle, M. Robin a-t-il chargé sa conscience d'en éloigner médecins et malades aussi bien par ses propres écrits que par ceux qu'il a inspirés ?

Pourquoi ?.. Est-ce parce que M. Robin ne trouva jamais la métallothérapie ni dans les doctrines positivistes de son premier maître, ni dans le champ de l'instrument chéri qui furent les origines de sa fortune politico-scientifique, ou parce que, n'y faisant aucune place à la cellule, nous avions atteint l'histologiste en plein cœur ? C'est probable ; mais ce que M. le professeur, Robin, dans sa franchise tardive, a seulement avoué, ce qu'il nous a autorisé à répéter, c'est que s'il se montra toujours d'une intransigeance si radicale à notre égard, si, durant tant d'années il se mentit à lui-même ; si, tout à la fois, il trahit l'humanité et la science et se conduisit envers nous de façon à légitimer toutes représailles, c'est, entendez-le bien, vous tous nos frères en la même ignorance :

« Parce que je ne savais point ce que c'est qu'un courant électrique et que quiconque l'ignore n'est pas un médecin. »

En vérité, cette histoire, l'un des mille et un épisodes qui ont émaillé l'odyssée du Burquisme, n'est-elle point trop instructive, trop édifiante à tous les points de vue pour qu'il nous fût permis de risquer plus longtemps d'en priver ceux qui s'intéressent ou qui s'intéresseront à notre œuvre ; et n'est-il point profondément regrettable, pour la majesté de la science comme pour tous les intéressés, que, de notre temps, il puisse se passer encore des choses qui rappellent les plus mauvais jours des disputes scolastiques de la rue du Fouarre.

Pour achever de se faire le justicier de la métallothérapie, il n'aura manqué à M. Robin que de reprendre pour son propre compte cette brillante promesse d'un de ses savants collègues d'autrefois qui avait aussi à un rare degré l'estime de soi, mais qui, lui au moins, était un clinicien : « *Si j'avais, monsieur, un prix à vous donner, ce serait le prix de persévérance* !... » (*sic*).

A la suite de ces paroles d'une ironie si sanglante, surtout si nous faisions savoir dans quelles tristes circonstances elles nous furent adressées, il en fut proféré d'autres. Mais, en les répétant, nous craindrions de porter la sensibilité du lecteur jusqu'à l'écœurement, tant elles suent la férocité.

Pauvre science ; pauvre médecine surtout ! Mais aussi, hélas ! pauvres malades !...

Un mot maintenant, pour finir :

Il ne nous coûte rien de reconnaître, qu'en effet, nous ignorons absolument ce que c'est qu'un courant électrique. Mais si M. le professeur Robin le sait, lui, qu'il vienne donc le dire et nous ne croirons pas trop payer personnellement ce service en lui pardonnant, non seulement le mal qu'il nous a fait, mais aussi celui qu'il n'a point pu nous faire.

Nota. — Afin de ne point engager d'autres responsabilités que la nôtre, nous devons prévenir le lecteur que le post-scriptum qui précède ne figure point dans le Bulletin de la Société de Biologie et que, de plus, il a été ajouté, après coup, à différents passages de notre mémoire.

FIN

TABLE DES MATIÈRES

CHAPITRE I

CHAPITRE II

CHAPITRE III

Métallothérapie monométallique

La Métallothérapie polymétallique

CHAPITRE IV

CHAPITRE V

Rapports de M. Dumontpallier

CHAPITRE VI

CHAPITRE VII

CHAPITRE VIII

POST-SCRIPTUM

ERRATA

Lisez :

P. 11, 25e lig.: sont ce que *nous* y avons trouvé.

P. 16, 23e lig.: qui ne compte pas moins de *trente* années.

P. 28, 7e lig.: qui fut masqué par la découverte de *la* métallothérapie interne.

P. 32, 37e lig.: Cette action devait-elle *rester* limitée en...

P. 41, 12e lig.: l'a démontré de *reste*.

P. 100, 25e lig.: Si la malade de M. Fernet ne guérit *pas par le fer*...

P. 114, 25e lig.: Voilà *ce que l'on doit* au magnétisme.

Passim, quelques autres fautes typographiques faciles à reconnaître.

Paris. — Imp. Ed. Rousset, rue Rochechouart, 7.

www.ingramcontent.com/pod-product-compliance
Lightning Source LLC
Chambersburg PA
CBHW062007200326
41519CB00017B/4704

* 9 7 8 2 0 1 9 1 6 5 2 9 1 *